懶人專用！美味蔬菜省力種

有機無農藥的豐收秘訣

U0076926

在一開始

監修 西村和雄

Nishimura Kazuo●京都大學農學博士。退職後為了協助農業新鮮人，在京都郊外創辦農學校。實踐活用草類的草生栽培。西村流的「懶人農法」會借助草類的力量來肥沃土壤，種出美味、無農藥的蔬菜。特徵是可以大幅降低農耕所需要的勞力與麻煩。

美味的蔬菜由土壤製造

對於田裡面的雜草，我幾乎不會拔除。頂多是用鐮刀將太長的部分割掉，以免太過茂密。割掉的雜草會鋪在蔬菜的周圍，如此重複下去。

很不可思議的，光是這樣就可以讓田裡面的蔬菜產生變化。不用多少肥料就能得到良好的發育，甜美又沒有澀味。這是因為割下來的草鋪在周圍，腐爛之後回到土中成為養分，很自然的形成肥沃的土壤。讓農作物不容易生病，也沒有明顯的蟲害。

想要種出美味的蔬菜，不能只顧著施肥。必須借助自然的力量來創造出肥沃的土地。

在雜草之中種菜的經驗，讓我學到怎樣讓蔬菜變得美味又健康。在此向大家介紹其中的知識跟秘訣。

這塊田地是我的。雖然放任雜草自己生長，但會用鐮刀切割來控制高度。有許多蜘蛛跟螳螂等害蟲的天敵，無農藥的環境讓綠雉可以帶著幼鳥散步。蔬菜也在雜草之中健康的成長。

全都有詳細的介紹！
菜園
活用雜草
以自然的方式
讓土地肥沃！

PART 1. 從鋪設土壤、活用雜草，到如何照顧蔬菜，

種出美味的蔬菜

如何打造

01 準備耕地

02 如何使用肥料

03 種植農作物

04 栽種計劃

05 照顧蔬菜的方法

06 收成

01.

準備耕地

打造培育健康蔬菜的基礎

POINT

耕田的時候鬆土的深度是蔬菜根部所及的20㎝左右

要在沒有長草、堅硬又緊密的土地上打造家庭菜園，必須從耕田的部分開始下手。用鏟子插進20㎝左右的深度將土挖起，然後用鋤頭翻鬆。混入堆肥跟有機肥料，形成足以種植農作物的土壤。

耕田

翻鬆堅硬的土壤將空氣送到土內

第一次用來耕種的土地，要怎樣才能變成足以讓蔬菜成長茁壯的農耕地呢？

首先，堅硬又緊綳的土地不管撒下多少種子，農作物都無法順利成長。

最一開始要進行的作業，是耕田。

運用鏟子跟鋤頭等工具，一寸一寸的翻鬆堅硬的土壤。

耕田的時候很重要的一點，是把空氣送到土壤內部。這是因為植物的根部需要氧氣才能存活，必須以此為作業的要領。耕田的主要目的，是讓堅硬又緊綳的土地，成為擁有許多空隙、含有大量空氣的土壤。

在懶人農法之中，耕田來堆出田畦的作業，只有一開始的這麼一次。製作好的田畦，將持續使用一段時間。閱讀接下來的部分時，請將這點記在腦中。

用堆肥跟肥料來改造土壤

將有機物混入土中來增加微生物的數量

把土全都翻鬆之後，要將堆肥跟有機肥料混入土中。這些是非常重要的有機材料，可以創造出肥沃的土壤。把它們混入土中，可以形成適合耕種的鬆軟土質。

這同時也是有機栽培非常有趣的部分，創造這種鬆軟土質的，是住在土中的小生物群。各式各樣的微生物會攝取有機物來當作養分，繁殖並增加數量，在那旺盛的活動之下，讓我們得到肥沃的土壤。

如何將有機物混入來增加微生物的數量，是有機栽培是否可以成功的重點之一。

堆肥

堆肥的種類分成，以落葉為原料的腐葉土、以樹皮為原料的混合樹皮（Composted Bark）、穎殼堆肥、稻稈堆肥等植物性的款式，跟牛糞堆肥、豬糞堆肥、馬糞堆肥等來自家畜糞便的類型。可以選擇容易買到的產品。

有機肥料

上方的照片是米糠，下方是油渣。氮、磷酸、鉀等等，含有均衡的礦物質，是有機栽培常常使用的肥料。另外還有魚粉、雞糞、骨粉、草木灰等各式各樣的有機物質可供使用。

有機石灰

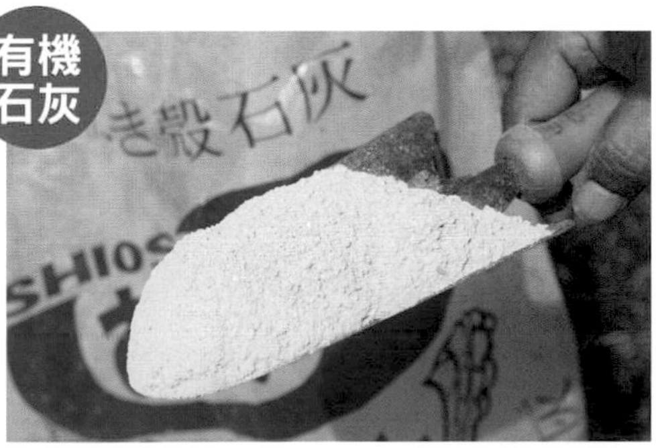

將貝殼化石或牡蠣殼敲碎，磨成粉末所製成的天然石灰。用來中和土壤的酸性。跟消石灰、苦土石灰不同，特徵是效果較為緩慢。也能為土壤補充鈣質。

創造有機耕地所需要的材料

有機栽培會將有機物混入土中，藉此形成可以讓農作物成長茁壯的土壤。可以使用的有機物種類繁多，最容易取得的，是市面上所販賣的堆肥跟有機肥料。堆肥的種類，有拿落葉當作原料的腐葉土、牛糞堆肥、馬糞堆肥等等。但光靠堆肥無法得到足夠的養分，必須跟含有油渣、米糠等豐富營養的有機肥料一起使用。另外還會使用牡蠣殼石灰（蚵貝粉）、貝殼化石等有機石灰，來調整土壤的酸性。

理解堆肥跟肥料所扮演的角色

堆肥是微生物最喜愛的飼料
肥料是為蔬菜補充營養

堆肥是充分發酵之後的有機物，混入土中馬上就能成為微生物的飼料，迅速發揮改善土壤的效果。用品質良好的堆肥來改善土壤的品質，可以形成所謂的團粒構造，這是由大大小小的土團集合而成，能夠留住水分跟養分的優良結構。

但堆肥所擁有的養分並不多，為了彌補這點，要跟含有豐富營養的有機肥料一起使用。

土壤中的微生物會將有機肥料分解，成為可以被蔬菜根部所吸收的養分。

持續進行有機栽培之耕地的土壤，擁有發達的團粒構造。鬆軟的結構含有大量的空氣，發出怡人的香味。

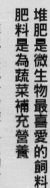

製作田畦

製作可以讓蔬菜根部伸展的底床

接下來是實踐篇，首先要製作田畦。

田畦是比周圍高出一個台階的土堆，用來播種或是植株。製作田畦的好處有①確保充分的空間讓蔬菜根部可以伸展出去，②土壤的溫度容易提升，③改善排水的狀況，④提高土壤的透氣性，⑤蔬菜比較容易曬到陽光。田畦之間的部分是行走用的通路。

田畦的高度跟寬度，取決於農作物的種類。另外，排水狀況較差的耕地會製作比較高的田畦，排水狀況較佳的耕地則會降低田畦的高度。

田畦是讓蔬菜伸根的底床

把土推在一起，堆出比周圍高出一個台階的平台。這樣做可以改善排水，形成讓蔬菜根部確實伸展出去的環境。讓田畦往南北方向延伸出去，還可以讓農作物得到均衡的陽光。

1 除草之後將土翻開

1 預定製作田畦的位置如果有長雜草，要用三角鋤或鐮刀來清除。**2** 用鏟子或鋤頭將土挖出，大略的翻鬆。如果土壤較硬，可以一點一點的慢慢來，以免太過勞累。如果發現有小石子跟垃圾，要順便清除。

2 把土推在一起來堆高

1 用鋤頭將田畦四周圍的土挖開，推到田畦中央來堆高。為了堆出整齊的邊緣，可以將繩子綁在棒子上面，插到地上當作標示用的「挖溝棒」。**2** 如果發現較大的土塊，要用鋤頭敲碎。小石子跟垃圾也順便清除。

3 挖出通道來製作田畦

田畦跟田畦之間，是用來行走的通道。在旁邊製作另一個田畦時，要空出充分的空間。通道如果太窄，作業起來會礙手礙腳，也會影響到通風，最少要有50㎝左右的寬度。

4 將堆肥或肥料撒上

將田畦的外型堆好之後，在表面撒上完熟的堆肥。接著撒上有機石灰，來中和比較容易偏酸性的耕地土壤。最後在田畦的表面撒上有機肥料，份量取決於蔬菜的品種（施肥的方式請參閱第13頁）。

5 用鋤頭將土壤混合

讓撒上去的堆肥跟有機肥料混入土壤內部。可以用鋤頭一點一點的翻動混合。有機肥料需要一點時間才能產生效果，因此要在播種的前1～2個禮拜完成這項作業，等土壤穩定之後再來種植。

6 將田畦的外型修整之後即可完成

1 用耙將田畦的表面推平。表面如果留下凹凸，會讓發芽的時間產生落差，也容易出現積水，讓植物的根部腐爛。這項作業要細心的完成。**2** 用耙或鋤頭的平面將田畦的側面壓平、壓緊。**3** 最後用耙輕壓田畦的表面，將土壤壓實。確實的修整外型，可以形成不容易崩塌的田畦。

就算沒有耙，只要用一片板子代替，也能簡簡單單的修出整齊的田畦。對小型的菜園來說，已經非常充分。

02. 如何使用肥料

補充蔬菜所需要的養分

POINT

基肥少一點以免蔬菜營養過剩

肥料是蔬菜成長所需要的營養源，但份量太多也是個問題。植物反而會因此衰弱，成為疾病與蟲害的原因。特別是基肥，施加過量事後也不容易調整，少一點會比較好。一邊觀察蔬菜的成長狀況，一邊調整追肥的份量，將是成功的秘訣。

基肥與追肥

施肥的方式會隨著農作物而不同

種植蔬菜之前所施加的肥料，稱為基肥。蔬菜成長的期間所施加的肥料，則稱為追肥。

基肥與追肥的組合方式，對種植蔬菜來說非常的重要。蔬菜種類不同，對於肥料的需求也會產生變化。

菠菜跟小松菜等，短期之內就能收成的小型葉菜類，會在一開始就施加成長所需要的所有肥料。另一方面，茄子跟番茄等栽種期間較長、一次又一次長出果實的農作物會在期間將肥料用完，因此要陸續添加追肥。

以蔬菜的狀況來調整份量

用葉子的大小跟形狀嫩芽的成長速度來判斷

施加大量的肥料可以讓蔬菜健康又強壯，這種想法是天大的錯誤。過多的肥料馬上就會引來害蟲跟疾病，讓狀況慘不忍睹。想要種出美味的蔬菜，要用八分飽的感覺來添加肥料。

相信有不少人會問，那要加多少肥料才算理想。這個問題無法用數字來回答。每塊耕地肥沃的狀況不同，上一批農作物種完之後有多少養分殘留下來，也是得逐件判斷。

想要知道施肥的份量是否恰當，必須觀察蔬菜本身的狀況。

比方說葉子較厚、顏色為深濃的綠色，是肥料太多的證明。

相反的，如果葉子又小又薄、顏色也偏黃的話，則代表肥料不足。顏色跟周圍的雜草差不多，或是稍微比較鮮綠的葉子，才是恰到好處。要維持在這個狀態來栽培下去。

配合蔬菜來施加肥料

在種植的孔下施肥（孔狀施肥）

1 **2** 在種植蔬菜的場所挖洞，把堆肥或肥料倒入，跟土壤混合在一起。**3** 把土鋪上來填平。如果要進行植株，要先在孔內填上少許的土，以免根部跟肥料直接接觸。

給這種蔬菜

跟溝道施肥一樣，肥料的效果可以持續比較長的時間，適合栽培時間較長的蔬菜。每株農作物之間的距離如果比較遠，這種方式會比溝道施肥更加理想，肥料跟堆肥也比較不會被浪費。

追肥必須又寬又薄

蔬菜會用根部的前端來吸收養分，因此施加追肥的時候，要對準根部的前端。可以用長在田畦邊緣或通路葉子的正下方來當作基準。把少量的有機肥料薄薄的鋪在寬廣的面積上，然後蓋上土壤，或是跟土稍微的混合。

大面積的薄薄一層（全面施肥）

基肥的施作原則，是在廣大的面積鋪上薄薄一層。將肥料撒在田畦的表面，或是混入整個田畦的土壤之中。幾乎所有蔬菜都會使用這種施肥的方式。

給這種蔬菜

這種施肥方式，適合小黃瓜、西瓜、南瓜等根部範圍較廣、較淺的葫蘆科蔬菜。也適合菠菜或小松菜等小型的葉菜類。

以溝狀埋入（溝道施肥）

在田畦中央挖出一條溝道，把堆肥或有機肥料混入土中並埋回去的方式。如果要進行植株，要先在植株的孔內鋪上些許的土，以免根部直接跟肥料接觸。

給這種蔬菜

肥料的效果可以持續比較長的一段時間，適合茄子或番茄等栽種時間較長的農作物。肥料會在途中用完，必須施加追肥來補充。

製作溫和性肥料*

充滿大量微生物 容易製作的溫和性肥料

在此介紹溫和性肥料的製作方法。溫和性肥料，是用微生物讓米糠或油渣等有機物發酵而成。施肥之後產生效果的速度較快，基肥與追肥都能使用，是非常方便的肥料。

此處所要介紹的，是將米糠跟油渣混合，用耕地土壤當作發酵菌的製作方式。混合複數的有機物質，可以形成多元且豐富的礦物質，讓種出來的蔬菜變得非常美味。以米糠跟油渣為主，搭配草木灰跟魚粉等添加物，跟手邊現成的有機肥料混合，來製作出自己獨創的有機肥料。

從蔬菜發育良好的耕地挖出一些土壤，當作發酵菌來使用。

準備的材料

- **油渣**
- **米糠**
- **水**
- **耕地的土壤**

米糠的份量，大約是油渣的2成左右。把水裝到水桶，放置一段時間讓次氯酸鈣消失。耕地的土壤，要準備大約半個鏟子的份量。也可以跟魚粉或草木灰等有機肥料混合。必須準備的工具有可以加蓋的水桶、製作泥漿用的桶子、防水布、尺寸較大的塑膠袋。

1 製作泥漿

最好是使用蔬菜發育良好、含有各種微生物群的耕地土壤。加水之後攪拌成泥漿。如果使用自來水，要先裝在桶子內放置1天，讓次氯酸鈣消失再來使用。雨水或河水更為理想。

2 倒上泥漿

將準備好的有機肥料攤在防水布上（如果有大型的水盆或水槽會更加方便），攪拌均勻。把泥漿的上清液倒入。泥漿的份量以重量為比率，大約是材料的3成左右。可以像上方照片這樣讓中央凹陷，以免泥漿外流。

3 攪拌均勻

把材料跟泥漿攪拌均勻。用雙手將材料搓揉，讓水分可以均勻的混入材料之中。水分太多會造成腐爛，讓發酵失敗。最好是一邊混合，一邊將泥漿慢慢的倒入。

＊溫和性肥料（ボカシ肥料）：讓有機肥料發酵，使效果變得較為溫和的肥料

懶人農法製作溫和性肥料的方式

4 檢查水的份量

用手握住來檢查水的份量。必須是不會散掉、可以形成團塊的濕度。如果用力握緊會有水不斷滴下，就代表水分太多。要追加米糠或油渣來調整。

5 塞到桶子內

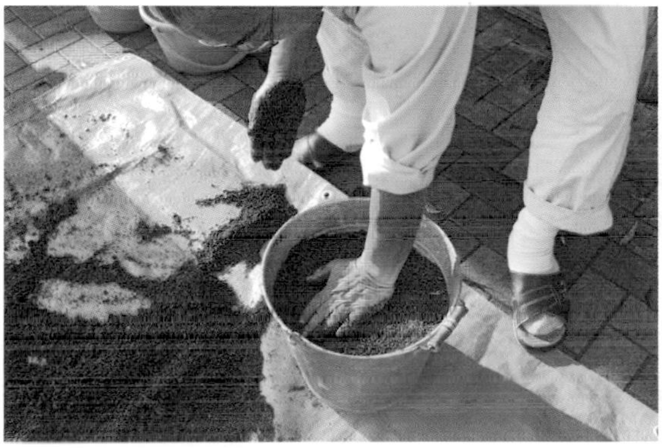

把材料裝到桶子內。為了進行厭氧發酵，塞入的時候要用把空氣擠出去的感覺來進行。把材料分批裝入，一邊用手掌壓緊一邊塞到8分滿。表面鋪上塑膠袋，然後製作水蓋來進行密封。

6 用水蓋進行密封

1 為了避免漏水，最好使用2層塑膠袋。把大量的水倒到塑膠袋內，就會成為緊密貼合的「水蓋」。2 將塑膠袋的開口綁緊即可完成。這是從滋賀縣的鯽魚壽司所得到的創意。

7 加蓋後放置保管

一切塞好之後，接下來只要等待發酵。把桶子擺在室內進行保管，如果擺在室外，要加蓋來防止雨水進入，或是擺在屋簷下方。沒有加蓋的話，可能會被鳥獸翻動，要多加注意。

完成 夏天2個禮拜、冬天2個月就能完成

1 氣溫較高的夏天約2個禮拜，氣溫較低的冬天約2個月就能發酵完成。將水蓋掀開，要是表面長出白色的霉菌、發出香氣，就代表溫和性肥料已經完成。2 白色的霉菌可以混合在一起來使用。

堆出田畦的作業只有最初的一次！

用草來維持土壤健康的懶人農法

就一般來說，每次種植農作物之前都必須耕田、堆出新的田畦，但我的耕地並沒有採用這種方式。

田畦堆好一次之後，最少會持續使用5年。也不用常常拔草，就如同照片內顯示的，整塊耕地被草所覆蓋。

這並不是因為偷懶而不去拔草，也不是嫌麻煩而持續使用同一塊田畦。而是刻意讓草生長。

我的耕地雖然不會拔草，但是會按照需求將草割除，以免長得太過茂密。割下來的草，會全部鋪在農作物的周圍。也就是用割下的雜草當作覆蓋物（Mulching）。這種作法，可以透過土壤生物跟草類、蔬菜根部的活動，很自然的讓土地深處受到耕耘，形成發達的團粒構造，土地也變得肥沃起來。疾病與害蟲都會減少，只要少量的肥料就能種出美味的蔬菜。每次種植之前不去耕田，是因為沒有那個必要性。

基本上是不整地栽培，只有播種與植株的部分會鬆土跟拔草。

1 青花菜的田畦。花蕾剛好長到乒乓球的大小。把溫和性肥料撒向鋪在周圍的雜草上面來當作追肥。2 蔥的收成，味道非常甜美。3 觀察農作物周圍的草類，適度的割掉，以免農作物被它們淘汰。

播種與植株

植株的時候也是一樣，沒有必要將整塊田畦翻鬆，只要將植株孔周圍的草拔掉，必要的話讓土跟溫和性肥料混合即可。幼苗種下去之後，用割下來的草把露出來的土壤蓋住（23頁）。

大豆的點播。播種的位置會先除草，挖孔之後將種子撒進去。蓋上土來壓實，並將割下的草鋪上。土地已經處於肥沃的狀態，不用追加肥料也能成長（21頁）。

把草割掉之後鋪上

大蒜周圍的草，割除的時候要在地面留下3公分左右的高度。不會完全的拔除。割掉的草會蓋在大蒜周圍，被微生物分解之後回到土中成為養分。

大蒜的田畦。周圍的草長到大蒜一半左右的高度。大多會讓草維持在這個高度，要用鐮刀割除來進行控制。

割草控制，以免農作物被淘汰

播種發芽之後，或是植株後的一段時間內，要比較細心的管控幼苗周圍的草。

草的成長速度跟蔬菜相比，壓倒性的快上許多，放置不管會讓蔬菜遭到埋沒，甚至是被淘汰。

小草用手頻頻的拔除，大草用鐮刀在地面的高度割掉，鋪在田畦上面。

一直到蔬菜長大、高到已經沒有問題為止，對於草的處理都不可以偷懶。

剛種下不久的茄子幼苗。要確實管理周圍的草，讓茄子得到充分的陽光。

03. 種植農作物

播種與植株的秘訣

POINT

用適當的間隔來種植蔬菜，遵守適合栽種的時期

蔬菜一定要用適當的間隔來種植。如果為了增加收穫量而縮短間隔距離，會造成發育不良或引來疾病跟蟲害，必須多加注意。另外也要遵守適合栽種的時期，在當令的季節種植，不但可以提高成長速度，也能讓蔬菜更加營養、美味。

播種

種子埋下之後必須壓平

將種子埋下的深度，可以用種子直徑的2～3倍左右來當作基準。撒下之後鋪上土壤，用手掌確實的壓平。這是改善發芽狀況的重點。讓土跟種子緊密的貼在一起，水分會更容易被吸收。

種子之中，有必須察覺陽光才會發芽的種類存在。萵苣跟紅蘿蔔，就是屬於這種需光性種子。這些種子請不要埋得太深，淺淺的種下去就好。覆蓋土壤的時候也要讓種子露出一半。土壤比較容易乾掉，一直到發芽為止，可以蓋上不織布或寒冷紗等透氣性的遮罩來進行保濕，將發芽的時間湊齊。就我自己的情況而言，我會將割下來的草鋪在種下種子的位置，讓土壤勉強可以被看到，以此進行保濕。

點播與條播適合蔬菜的播種方式

播種的方式，有在一個點上撒下幾顆種子的「點播」，跟相隔幾公分以條狀撒下種子的「條播」。以及在廣大面積均衡撒上種子的「撒播」。比較大顆的蔬菜要用點播、小顆的蔬菜適合使用條播。撒播一樣也是給較小的蔬菜。

不論是哪一種方式，撒下的種子數量，都會比預計栽種的蔬菜數量要多。這是因為撒多一點種子讓它們競爭，可以促進早期的發育狀況。如果有複數的種子發芽，則可從中選出發育最好的幼苗來保存。

厭光性的種子

●用種子直徑2～3倍的深度種下

番茄、茄子、青椒、小黃瓜、南瓜、西葫蘆、西瓜、秋葵、玉米、毛豆、蠶豆、菠菜、白蘿蔔、洋蔥、蔥

需光性的種子

●用土輕輕覆蓋

小松菜、大白菜、高麗菜、紅蘿蔔、萵苣、葉用萵苣、牛蒡、鴨兒芹、香芹、茼蒿、蕪菁、青花菜、日本蕪菁、九層塔、四季豆

點播

成長後較大的蔬菜要用一定的間隔來播種

白蘿蔔與大白菜等，成長之後會將葉子大幅伸展出去的蔬菜，要在一開始就決定每一株之間的間隔，用一定的距離來播種。

必須空出多少間隔，可以想像一下蔬菜成長之後的大小來決定。PART2有記載各種蔬菜播種時的間隔距離，讓大家當作參考。太窄的話會讓通風變差，要多加注意才行。

1 捏起1顆種子

用拇指跟食指將種子捏住，用1～2㎝的深度埋入。照片內是小黃瓜的種子。

2 相隔一點距離撒上3～4顆

在一處撒上3～4顆種子。種子之間空出一點距離，之後會比較容易篩選。

3 用土蓋住

用土蓋在種子上面，把用來播種的孔填滿。

4 確實壓平

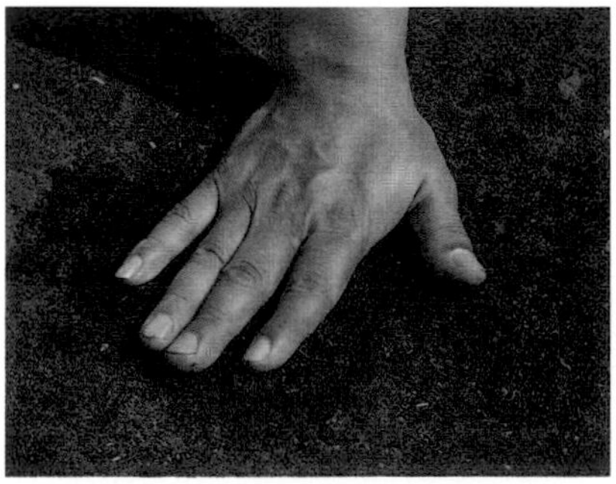

用手掌壓平，讓土跟種子可以密著在一起。種子會比較容易吸收到發芽所需要的養分。

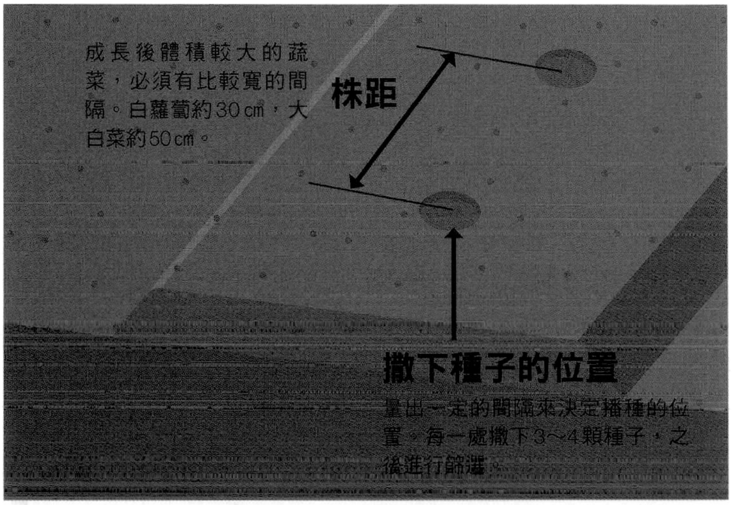
成長後體積較大的蔬菜，必須有比較寬的間隔。白蘿蔔約30㎝，大白菜約50㎝。
株距
撒下種子的位置
量出一定的間隔來決定播種的位置。每一處撒下3～4顆種子，之後進行篩選。

點播的蔬菜有大白菜、白蘿蔔、毛豆、蠶豆等等，適合體積較大的農作物。番茄、茄子、小黃瓜如果要將種子直接撒在耕地上，也要使用點播的方式。空出一定的間隔，每一處撒下3～4顆種子。

撒下較多的種子來進行篩選

沒有辦法保證種下去的種子百分之百會發芽，因此每一處如果只種1顆，得承受不小的風險。進行點播的時候，建議每一處最少要撒2顆種子。

在葉子長到3～4片之前完成篩選，每處只留下1株。要是沒有進行淘汰來持續成長，會讓幼苗互相推擠、衰弱。淘汰的基準有雙子葉的形狀較差、被蟲啃蝕、葉子的顏色較差、長得太高等等。

條播

小顆的蔬菜
感情要好的排成一排

每一株之間成長後的距離為10cm左右。小松菜、菠菜、紅蘿蔔等小顆的蔬菜，可以用條狀來撒上大量的種子，一邊栽培一邊淘汰。

點播還是條播，該使用哪一種方式，並沒有硬性的規定存在。比方說喜愛白菜幼苗的人，會用條播來種植大白菜，一邊篩選來收穫小株的白菜，一邊拉開每一株之間的距離。

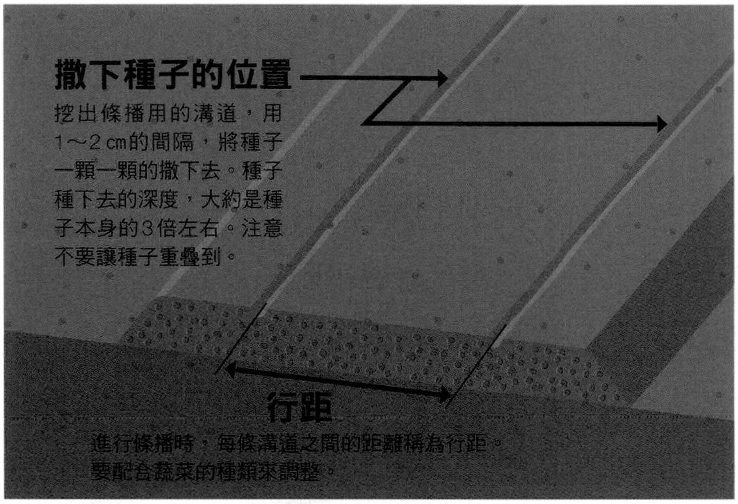
撒下種子的位置
挖出條播用的溝道，用1～2㎝的間隔，將種子一顆一顆的撒下去。種子種下去的深度，大約是種子本身的3倍左右。注意不要讓種子重疊到。
行距
進行條播時，每條溝道之間的距離稱為行距。要配合蔬菜的種類來調整。

小松菜、蕪菁、菠菜、紅蘿蔔等小型的蔬菜會以條播的方式種植。在田畦表面挖出溝道，用一定的間隔將種子撒下。挖掘溝道的時候，可以利用方木材的轉角或是木條。壓在田畦表面，很自然的就會形成筆直的溝道。

1 將幾粒種子捏起

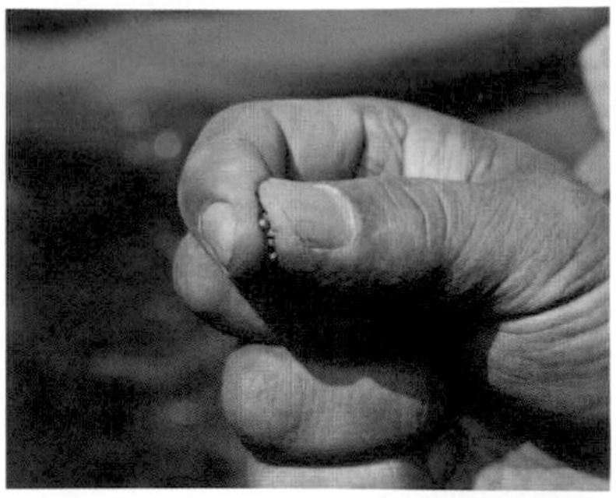

用拇指跟食指捏起幾粒種子，慢慢挪開讓種子一顆一顆的掉落。

2 每一顆約2㎝的間隔

細心的用2㎝的間隔一顆一顆的撒下去。間隔如果太短，事後篩選的時候會很麻煩。

3 把土推上進行覆蓋

用手指捏住種子兩側的土壤，往中央推過去，讓土輕輕的蓋在種子上方。

4 確實壓平

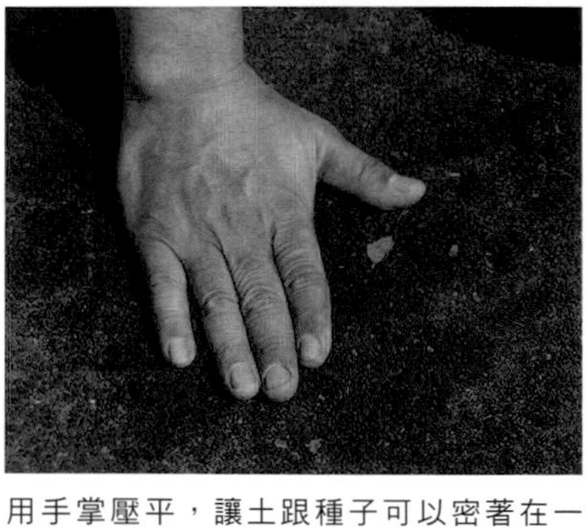

用手掌壓平，讓土跟種子可以密著在一起。確實壓平可以將發芽的時間湊齊。

反覆淘汰來拉開每一株的間隔

發芽之後，等幼苗的葉子互相接觸到的時候，就要開始進行篩選。每次有葉子互相碰到，就要篩選一次，以此重複下去，漸漸拉開每一株之間的間隔距離。淘汰的對象跟點播相同，雙子葉的形狀不良、被蟲子啃蝕等等。

令人高興的，是淘汰出來的幼苗也能拿來享用。不論是小松菜還是紅蘿蔔，都是又軟又香，適合煮湯或製作沙拉，是家庭菜園才能享受的特權。

活用雜草，懶人農法所製作的耕地

播種之後將割下的草鋪上

只有播種的位置會將草挖掉

那就讓我們來介紹懶人農法的播種方式。點播、條播的內容跟前幾頁所介紹的一樣。比較不同的，是周圍被大量的草所包圍。

如果是進行條播，可以用鋤頭在一條帶狀的範圍將草挖掉，把土稍微翻鬆一下，再來將種子撒上。將草挖掉的寬度，可以跟鋤頭的寬度相同。把土蓋上、壓平之後，將割下來的草稍微鋪上。這樣可以得到保濕、保溫的效果，也能促進種子發芽。種子發芽之後稍微將草撥開。

點播的內容基本上也是一樣，請參考下方的照片。

關於基肥，我的耕地將草割下來鋪上、割下來又鋪上，已經持續了好幾年，土壤本身相當肥沃，因此幾乎不需要基肥（但還是需要追肥）。

如果土壤比較沒有那麼肥沃，可以參考PART2，順著點播的孔或條播的溝道，以大面積的薄薄鋪上一層溫和性肥料，跟土混合之後再來播種。

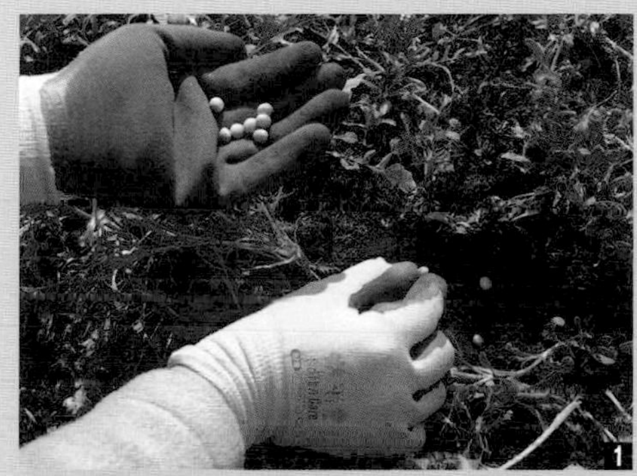

1 播種的位置要將草挖掉，在半徑5㎝×深5㎝的範圍將土翻鬆，然後將種子埋進去。**2** 把土蓋上之後用手壓平。用手指捏一些溫和性肥料，撒在種子種下去的位置當作基肥。**3** 最後將割下來的草鋪上。除了可以保溫、保濕之外，也不用擔心被鳥吃掉。發芽之後把鋪上去的草稍微播開，讓嫩芽露出來。

用點播來將種子種下。只在播種的位置除草，讓土可以露出來，每處撒上3～4顆。

種植幼苗

選擇無風的日子迅速將作業完成

如果要種植幼苗（移株），無風的陰天是最為理想的條件。大太陽或強風，都會對幼苗造成傷害。另外，一旦將幼苗拿到耕地，就要盡快完成植株的作業。避免放置，以免幼苗乾燥。

按照株距將苗杯擺到準備好的田畦上面，就要開始種植的作業。

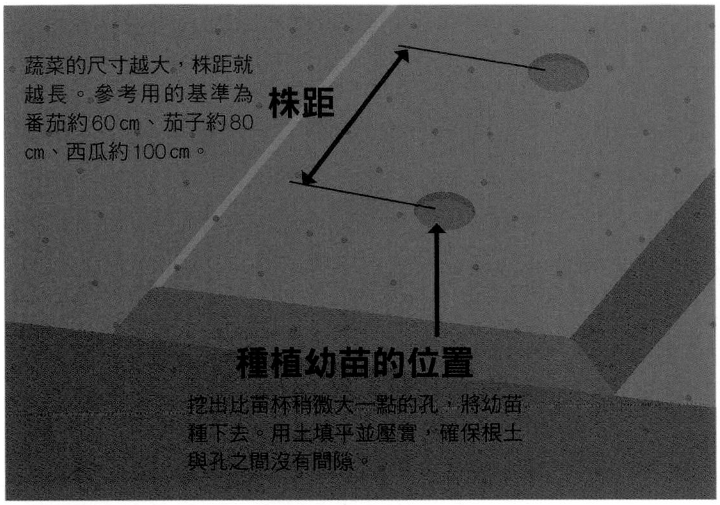

蔬菜的尺寸越大，株距就越長。參考用的基準為番茄約60㎝、茄子約80㎝、西瓜約100㎝。
株距
種植幼苗的位置
挖出比苗杯稍微大一點的孔，將幼苗種下去。用土填平並壓實，確保根土與孔之間沒有間隙。

栽種之前要先量好株距並決定好種植的位置。種的時候如果沒有在每一株之間保留充分的距離，會讓通風與受光面積惡化，造成生長不良或疾病、蟲害等問題。各種蔬菜株距的基準請參考PART 2。

種植之前讓根土吸水

把幼苗種下去之前，請將根土泡在水中。讓附著在根部的土塊吸收大量的水，可以讓幼苗順利的紮根。浸泡的時間約30分鐘就很充分。泡太久會傷到根部。

剛種下去的時候，幼苗有可能會呈現枯萎的感覺，請別因為擔心就澆太多水。那樣反而會讓幼苗衰弱。放著不管，到了隔天就會充滿精神的抬起頭來，不會有任何問題。

1 讓土吸水

把苗種下去之前請準備一盆水，將根土泡進去，來吸收大量的水分。

2 挖出種植用的孔

測量株距來決定種植的位置，拿移株用的灰匙來挖出種植用的孔。

3 從苗杯將根土取出

土塊如果散掉會讓根部受損，取出的時候動作務必要輕。根土若是乾燥，會比較容易散掉。

4 把根土放到植株用的孔內

調整孔的深度，讓根土跟田畦可以形成同樣的高度。放到孔內的時候，注意別讓根土散掉。

5 把周圍的土推到苗的基部

為了避免根土與孔之間形成縫隙，把土推過去填平。確實壓緊以免晃動。

6 種植完成

這樣就算完成。土壤太乾的話要澆水。

7 進行導引

剛種好的時候，要在莖的部分裝上支柱，當作強風的對策。照片內是小黃瓜的田畦。小黃瓜等攀緣性的蔬菜，要用網子來進行誘導。把割下來的草鋪在田畦，有助於種下的幼苗落地伸根。我在每一株小黃瓜之間種上水田芥，採用混合的排列方式。水田芥可以將田畦覆蓋，防止土壤乾燥。

活用雜草，懶人農法所製作的耕地

挖出較大的孔 移株時先倒入基肥

幼苗的移株，作業內容跟播種的場合一樣。在預定移株的位置把草去除，挖孔將幼苗種下去。

如果是已經相當肥沃的土地，基肥的份量並不用太多。觀察蔬菜的樣子，如果不夠再施加追肥。左邊照片是挖出20cm×20cm的孔，在孔內施肥來將幼苗種下的範例。

如果耕地沒有那麼肥沃，可以在廣範圍撒上薄薄一層肥料，跟土壤充分混合之後再來種下。最後把割下的草鋪在苗的周圍。

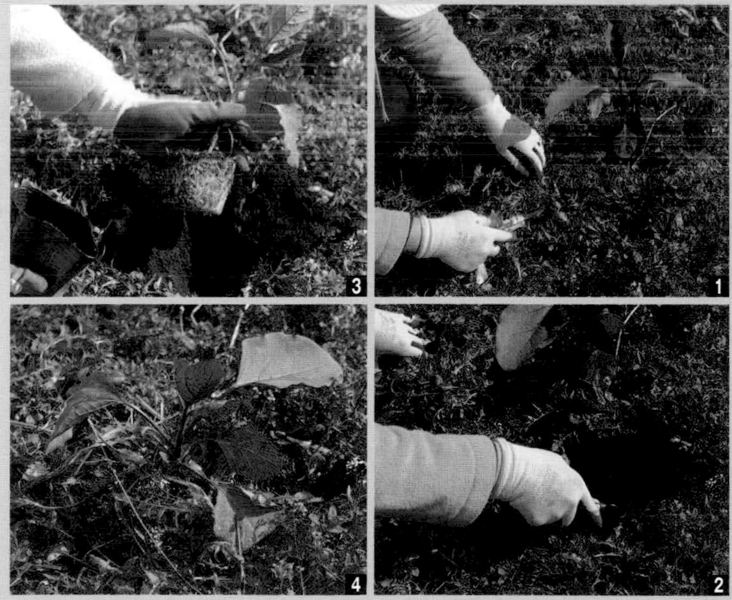

1 預定植株的場所必須除草，從基部將草割除。**2** 挖出直徑20cm×深20cm的孔，把溫和性肥料與堆肥倒入來跟土壤混合。**3** 先鋪上一些土再來將幼苗放入，以免根部直接與肥料接觸。**4** 把周圍的土推過去，把孔與根土之間的縫隙填平，用手掌壓實。把割下來的草覆蓋在周圍。

種植番薯的塊根

馬鈴薯、芋頭是用塊根來種植

馬鈴薯、芋頭、日本薯蕷等等，都是用塊根來種植的蔬菜。種的時候會挖出深度為塊根2倍的孔，來把塊根埋到土裡。

塊根除了透過購買來取得之外，還可以使用去年收成時所保存的塊根。如果是馬鈴薯，還可以將體積較大的塊根切開來種植。較小的話則是直接使用。

馬鈴薯的塊根可以分割成40g左右來種植。切的時候讓每一塊都留有嫩芽，等乾掉切口癒合之後，就能種到田畦上。

1 挖出種植用的孔

挖孔將塊根放進去。基肥要跟孔的底部混合。孔的深度是塊根的大約2倍。

2 把土推進去壓平

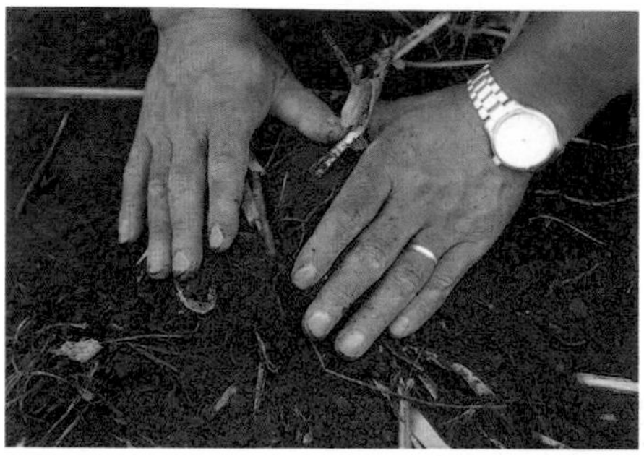

把土蓋上將塊根埋住，用手確實的壓平。把割下來的草鋪在種植的場所。

種植幼苗（藤）

用插秧的感覺來種植番薯苗

如果是番薯，種下去的不是番薯本身，而是藤的部分。

每到當令的季節，日用品中心或園藝商店，就會開始販賣番薯藤，需要的話可以買來使用。當然也可以自己準備。把番薯埋到花盆內就會長出藤蔓，剪下30cm～40cm的長度來使用。

市面上會販賣塊根長出來的藤蔓，以此當作番薯苗來種植。要是感覺比較枯萎，可以在種的前一天用濕報紙包住，回復精神之後再來種植。

1 挖出溝道將番薯藤擺上

挖出深度約5cm的溝道，讓番薯藤橫躺在溝道內。

2 將番薯籐埋起來

把土推到溝道上將番薯藤埋住。葉子要全部露在地面上。壓好之後把割下來的草鋪在藤蔓周圍。

04. 栽種計劃

為了種出美味的蔬菜！

輪作的方式

每年改變種植的場所 可以降低疾病與蟲害

如果每年都在同一塊土地種植同樣的農作物，對蟲子跟病菌來說，就好像是擺在那裡等它們的大餐。喜愛十字花科（油菜）的蟲子越來越多的場所，如果持續種植十字花科的蔬菜，也只是拿來餵那些蟲子。

對於這個問題要向大家推薦的，是用幾年的時間為單位，輪流種植不同的蔬菜，名為輪作的栽種計劃。

把耕地分割成4～5個部分，分別當作○○科的區塊，每年照順序讓區塊移動下去。連作時比較容易產生問題的茄科，經過4～5年的時間才會回到同一個場所。

製作菜園圖或留下栽培記錄，記下什麼時候在哪一區種了什麼蔬菜，策劃比較不會產生連作障礙的栽種計劃。

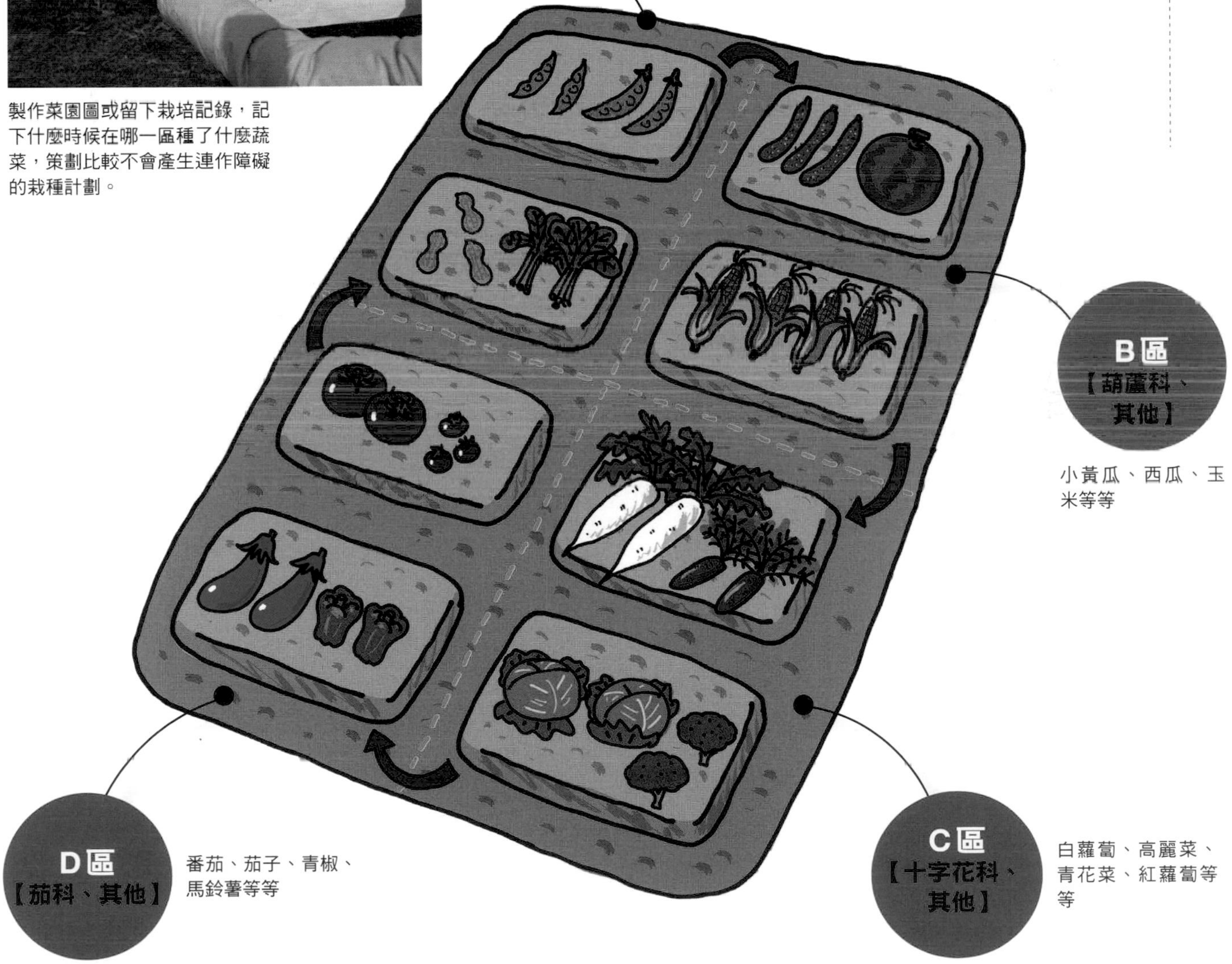

確保陽光

以南北方向製作田畦
蔬菜的排列也要下功夫

雖然也有例外，幾乎所有的蔬菜都熱愛陽光。

首先，製作田畦的時候必須往南北方向延伸。這是因為走東西向會形成許多陰影。南北方向的構造，可以讓整體都曬到太陽。

但就算採用這種結構，種的蔬菜有高有低，隨著排列方式的不同，還是會讓某些部分成為陰暗處。這種場所，可以從下方表格「照半天陽光…」與「陰暗處或…」的蔬菜之中選出適合的品種。

另外，如果種得太過密集，一樣會讓陰暗處的面積增加。通風跟著變差，疾病與害蟲也更容易出現。為了確保充分的陽光，基本上要避免太過密集的種植方式。

形成良好的通風

以寬鬆的空間種植蔬菜
降低耕地的疾病與害蟲

通風不好、又濕又暗的耕地，會成為害蟲聚集的場所。農作物也會常常罹患疾病。

要改善通風狀況，必須製作較為寬廣的田畦，通路也要寬敞一些。

另外，種太多蔬菜也是一個問題。成長之後體積龐大的蔬菜，種的時候要讓每一株之間擁有充分的距離。這個想要那個也想要，進而增加農作物的種類與數量，會讓蔬菜所擁有的空間變窄，不光是影響到通風，也會讓耕地曬不到陽光。下方列出各種蔬菜用來當作株距的基準，給大家拿來參考。

對每一株蔬菜進行照護也很重要。適度的修整枝葉，老舊的葉子不要留著。維持清爽的外觀，有助於實現通風良好的耕地。

蔬菜的種類與種植的間隔

體積越大的蔬菜，種的時候株距越長

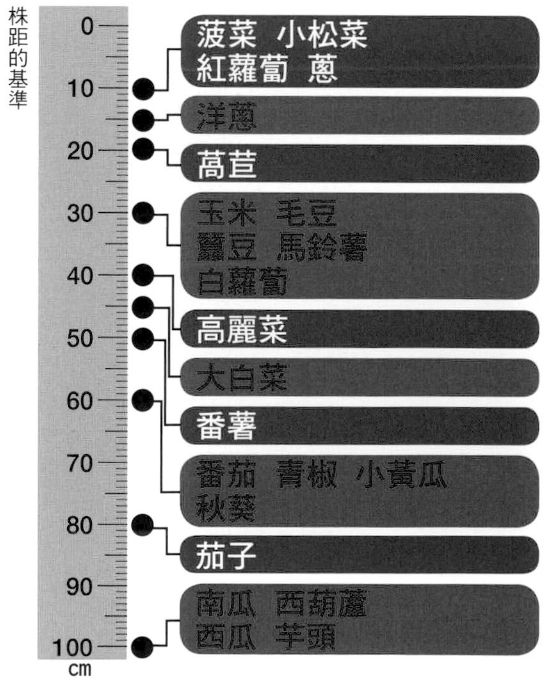

陽光與蔬菜

把蔬菜的性質納入栽種計劃的一部分

適合整天都照到陽光的蔬菜

番茄、茄子、青椒、秋葵、西瓜、甜瓜、小黃瓜、南瓜、毛豆、四季豆、豌豆、玉米、高麗菜、青花菜、大白菜、白蘿蔔、馬鈴薯、牛蒡、洋蔥、蔥等等

照半天陽光就能成長的蔬菜

草莓、菠菜、小松菜、蕪菁、茼苣、茼蒿、香芹、芋頭、薑等等

陰暗處或1～2小時的陽光即可

鴨兒芹、蘘荷等等

採用混植的方式

讓土壤肥沃的毛豆
減少疾病與害蟲的蔥

計劃菜園的時候，務必採用混植的方式。這樣可以用自然的方式形成肥沃的土地，減少疾病與蟲害。

特別值得推薦的混植蔬菜，是毛豆。種下去可以讓土地肥沃，令人想要積極的利用。適合搭配的對象有番茄、青椒等，幾乎什麼都可以。把毛豆種在田畦邊緣來排成一排，可以實現讓蔬菜得到良好發育的肥沃土地。

害蟲對策，建議採用萵苣跟茼蒿等菊科的蔬菜。可以保護高麗菜跟大白菜等十字花科的蔬菜，不受害蟲侵犯。疾病的對策則是蔥類。種在茄子或小黃瓜幼苗的旁邊，可以降低連作所造成的問題。種有蔥的耕地，農作物比較不容易得到疾病。

禾本科的高粱與燕麥，也值得令人推薦。它們是可以讓土地肥沃的綠肥作物，種在耕地或田畦周圍，可以成為驅逐害蟲的屏障，也會割下來當作覆蓋用的草。

蔥可以減少疾病與蟲害

用來預防小黃瓜或西瓜等葫蘆科蔬菜的黃葉病，或是番茄跟茄子等茄科蔬菜的青枯病。植株的時候，把蔥苗擺在混植對象的根土旁邊，用根部纏在一起的感覺種下，可以更進一步的提高效果。

用萵苣抑制害蟲

萵苣跟茼蒿等菊科的蔬菜，可以降低十字花科蔬菜的蟲害。萵苣跟高麗菜、茼蒿跟大白菜等等，可以用喜歡的組合來進行嘗試。

用毛豆讓土地肥沃

種植毛豆，很自然的會讓土地變得肥沃。可以混植在各個田畦上面。特別建議是跟番茄、青椒進行混植。毛豆會吸水，可以讓喜好乾燥土壤的番茄、青椒順利成長。

活用高粱與燕麥

高粱會在春天播種，燕麥則是在秋天。兩者都是禾本科的綠肥作物。以條播種在耕地或田畦周圍，可以成為擋下蚜蟲的屏障。割下來蓋在田畦上面，對於土壤也會有幫助。

05. 照顧蔬菜的方法

導引、摘除腋芽、整枝

導引

綁上支柱 協助蔬菜成長

長得比較高的番茄、攀緣性的小黃瓜、枝葉往外伸展的茄子等蔬菜，要在栽種的同時插上支柱，用繩子將枝幹或藤蔓綁在支柱上，一邊生長一邊進行導引。這樣可以讓栽培管理變得更加輕鬆，也不用擔心枝幹與藤蔓因為果實的重量或強風而折斷。導引的時候為了不去傷到蔬菜，要使用麻或棉花等柔軟的材質所製造的繩子。枝幹則會隨著成長而變粗，綁的時候要留下多一點空間。

摘除腋芽

夏天的家庭菜園很重要的工作

腋芽是長在主枝幹跟葉子交接處的嫩芽。摘除腋芽，可以讓養分集中在主枝幹的成長上面。

家庭菜園到了夏天，每次前往耕地的時候，都要將番薯、青椒、茄子、小黃瓜等蔬菜的腋芽摘除。

腋芽一定要趁小的時候摘掉，如果長大之後再來摘除，對植物所造成的傷害也會增加。用乾淨的手或剪刀來進行，也是重點之一。

1 把繩子固定在支柱上

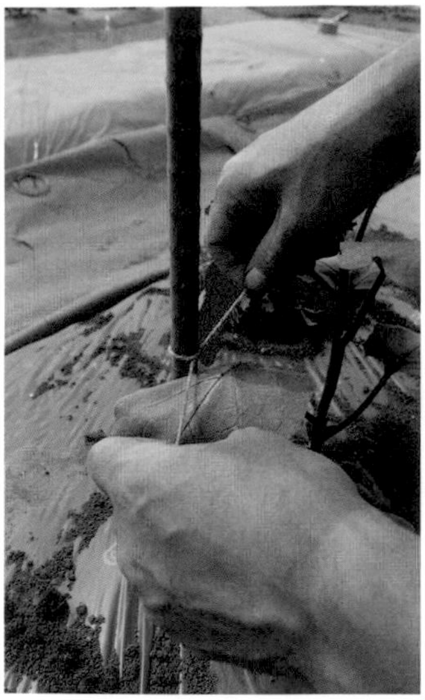

種下去之後，為了避免蔬菜的幼苗因為風吹而衰弱，要立刻插上支柱、綁上繩子來進行固定。首先將20～30㎝長的繩子綁到支柱上。

2 寬鬆的將枝幹綁住

接著將繩子繞到幼苗那邊，打個結將幼苗套住。為枝幹粗細的變化做好準備，固定時要留下多一點空間。蔬菜長高之後要再次綁上新的繩子來固定。

1 番茄的腋芽。腋芽會長在主幹與葉子之間。**2** 用手指捏住之後摘下。摘過一次的部位，會一次又一次的長新芽出來。不可以因為摘下一次就大意，仔細觀察整體的狀況，細心的將腋芽找出來。

整枝

番茄要將腋芽摘下 只讓1根主幹延伸

只留1根主幹，是栽種番茄基本的整枝方式。葉子基部會持續長出腋芽，耐心的將它們全數摘除，只讓最主要的1根枝幹生長出去。這種栽種方式可以避免枝葉太過雜亂，照顧起來比較輕鬆，收成也較為容易。

插上一根比較長的支柱，一邊成長一邊用繩子將主枝幹固定。當番茄高度超過支柱頂端的時候，要將超過的部分剪掉，停止成長讓下方果實得到較多的養分。

番茄的整理方式

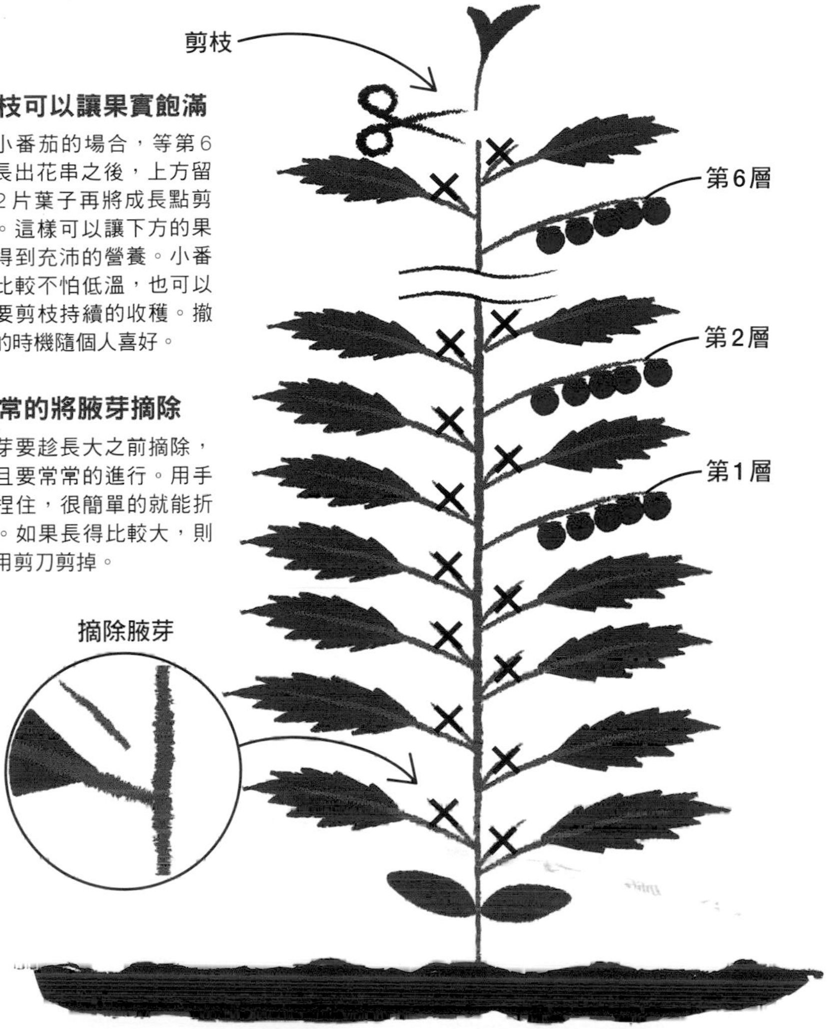

剪枝可以讓果實飽滿

在小番茄的場合，等第6層長出花串之後，上方留下2片葉子再將成長點剪掉。這樣可以讓下方的果實得到充沛的營養。小番茄比較不怕低溫，也可以不要剪枝持續的收穫。撤除的時機隨個人喜好。

經常的將腋芽摘除

腋芽要趁長大之前摘除，而且要常常的進行。用手指捏住，很簡單的就能折斷。如果長得比較大，則要用剪刀剪掉。

也建議主幹2～3根的栽培方式

在比較有精神的花串正下方，留下1～2根的腋芽讓它們成長，這種栽培方式也值得推薦。別忘了增加支柱的數量，或是拉出網子來進行導引。枝幹增加，收穫量也會跟著提升。

番茄的支柱

番茄會長得相當高，最好準備較長的支柱（180～210㎝），粗細為直徑16㎜或是以上。把支柱插到大約30㎝的地面下，就能穩固的站立。綁上橫的支柱來進行連結，並且用斜角補強，可以形成堅固的支架。就算有大風吹過也不容易倒下。

每種1株番茄就插上一根支柱，隨著番茄的成長，用繩子將主枝幹綁到支柱上，往上進行導引。

長到支柱頂端之後要進行剪枝（照片為大番茄）。

主幹各為1根時的番茄支柱。重點在於強化結構。

茄子的整理方式

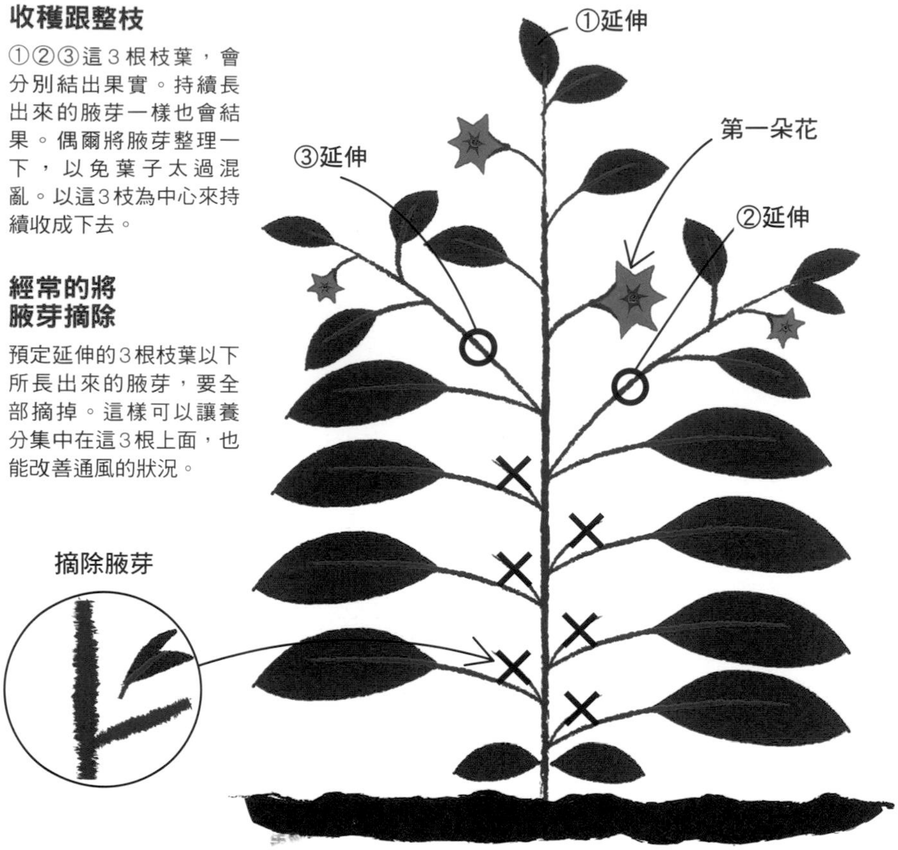

收穫跟整枝

①②③這3根枝葉，會分別結出果實。持續長出來的腋芽一樣也會結果。偶爾將腋芽整理一下，以免葉子太過混亂。以這3枝為中心來持續收成下去。

經常的將腋芽摘除

預定延伸的3根枝葉以下所長出來的腋芽，要全部摘掉。這樣可以讓養分集中在這3根上面，也能改善通風的狀況。

1根主枝幹＋2根腋芽整理出這3根來培育

種茄子的時候要將株距拉大，讓3根枝葉有充分的空間可以成長。預定延伸的枝葉，除了主枝幹之外，可以選擇第一朵花下方的2根腋芽，或是將第一朵花夾住的上下2根腋芽。務必選擇較為強壯的腋芽。比這3根枝葉更低的腋芽，要全數摘除。

到了盂蘭盆節（農曆7月13）的時期，茄子因為太熱變得比較沒有精神的時候，要大幅度的修剪枝節來進行更新（下方插圖）。等天氣比較涼的時候，就可以開始收成秋季的茄子。

修剪更新

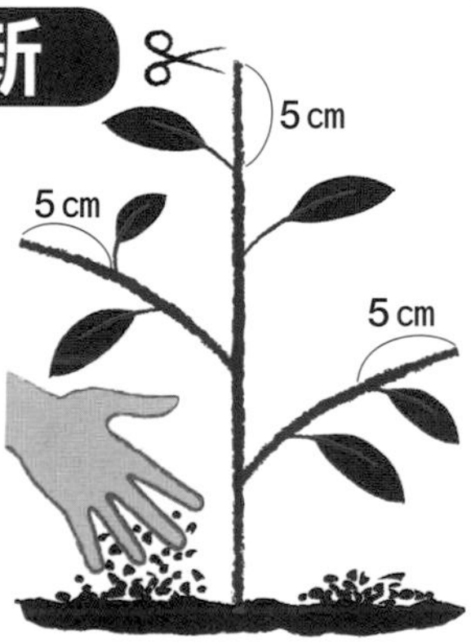

收成過多而疲勞的話用修剪來進行更新

留下大約2片的葉子，其他枝葉全部剪個乾淨。在基部撒上充分的肥料。

腋芽延伸出去長出秋季的茄子

之後會長出新的腋芽，修剪過了1個月之後，就會有美味的秋季茄子可以收成。

茄子的支柱

為了支撐3根枝葉，用垂直1根＋傾斜2根，來架出總共3根的支柱。長出果實之後會變得比較沉重，跟番茄一樣要準備比較粗的支柱。建議使用150～180cm的長度。確實的插到地面下，用繩子將3根支柱交叉的部位緊緊綁住。

一邊成長，一邊將各個枝葉綁到支柱上來進行導引。

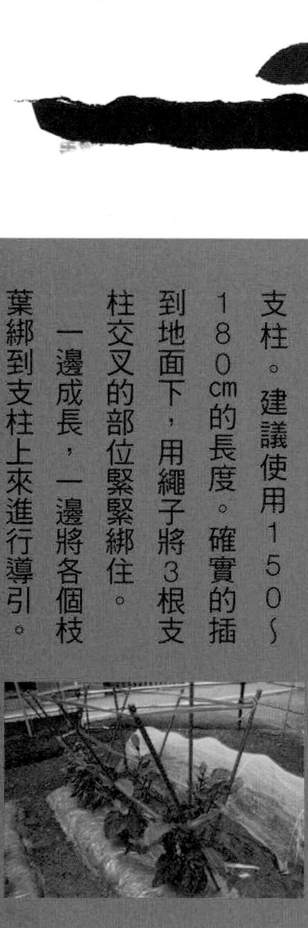

往橫的方向以不同高度拉出幾條繩子，讓延伸的枝葉掛在上面。這樣可以避免下垂，得到清爽的外觀，照護跟收成的作業也比較容易進行。

小黃瓜的支柱

把支柱架在一起，鋪上園藝用的網子，製作成銀幕型的支架。用繩子將藤蔓綁在網子上來進行導引。網子必須拉直，不要有下垂的部位。

為了讓支柱得到充分的強度，在橫的方向也架上支柱來進行連結，同時加上斜角的支柱來進行補強（參閱29頁）。

把支柱架成X型來組成的山型支架。這種組合方式擁有最高等級的強度。鋪上網子來導引藤蔓的生長方向。如果要在比較寬的田畦上面種2排小黃瓜，建議採用這種構造。

小黃瓜的整理方式

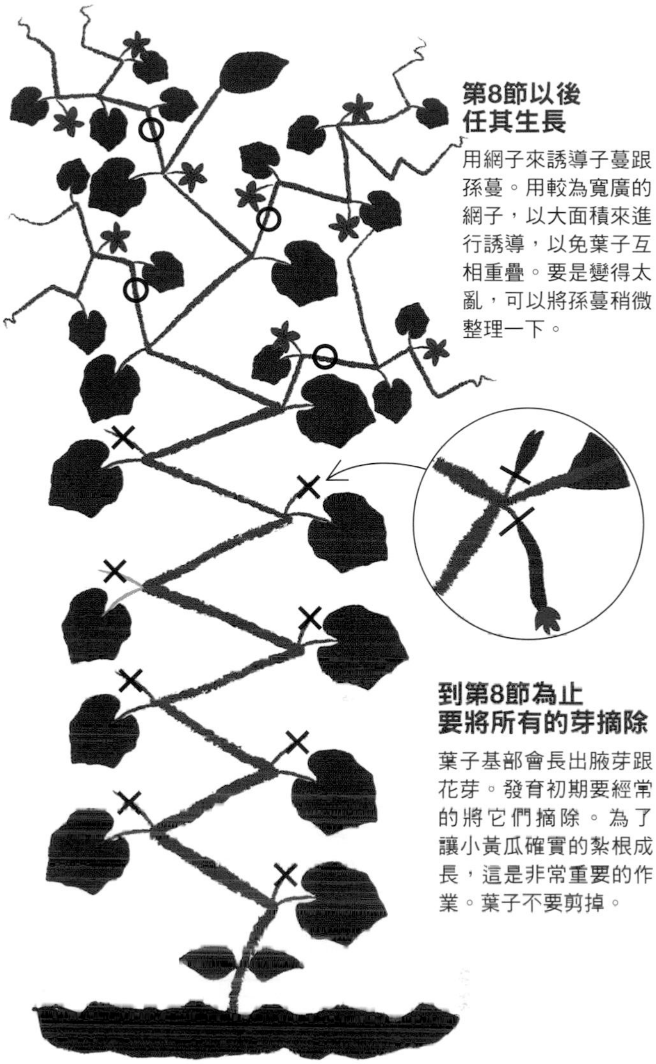

第8節以後任其生長

用網子來誘導子蔓跟孫蔓。用較為寬廣的網子，以大面積來進行誘導，以免葉子互相重疊。要是變得太亂，可以將孫蔓稍微整理一下。

到第8節為止要將所有的芽摘除

葉子基部會長出腋芽跟花芽。發育初期要經常的將它們摘除。為了讓小黃瓜確實的紮根成長，這是非常重要的作業。葉子不要剪掉。

到第8節為止把腋芽跟花芽都摘掉

小黃瓜非常重要的一點，是種下去之後的一段時間，要細心的把腋芽跟花芽摘掉。最少要持續到長滿8片葉子為止。這樣可以讓小黃瓜確實的紮根，生長得更加出壯。

第8節以後則是任其自然生長。子蔓跟孫蔓延伸出去，會開始結下許多的果實。

check!

支柱必須堅固、不會晃動

首先將支柱確實的插進地面，大約30㎝就能固定下來。但只有一根還是會晃動，要在橫向與斜角追加支柱來進行補強，不論從哪個方向施加力道都不會晃動才算完成。像這樣有大風吹過也不會倒下的支柱，才能確實的保護蔬菜。

插深一點，以免支柱晃動。基準為30㎝。比較粗的支柱可以更加穩固。

追加橫的支柱可以提高結構上的強度。組裝時用力綁緊，以免鬆掉。

母蔓剪枝 整理出4條子蔓

南瓜、西瓜會長出長長的藤蔓。一般會選擇讓藤蔓往田畦的單側延伸，或是均衡的分配在兩側。不論採用哪種方式，都要讓藤蔓整齊的排列生長，管理起來會比較容易。

讓藤蔓攀爬的空間，要將稻稈或割下來的草鋪上。藤蔓會一邊延伸一邊用捲毛勾住稻稈，就算被風吹過也不會晃動，對生長的穩定性有所幫助。

任其自然生長雖然也行，但如果想得到品質較好的果實，必須適度的進行整枝。西瓜跟南瓜，都建議將母蔓剪枝，整理出4條比較有精神的子蔓來延伸出去。

南瓜的整理方式

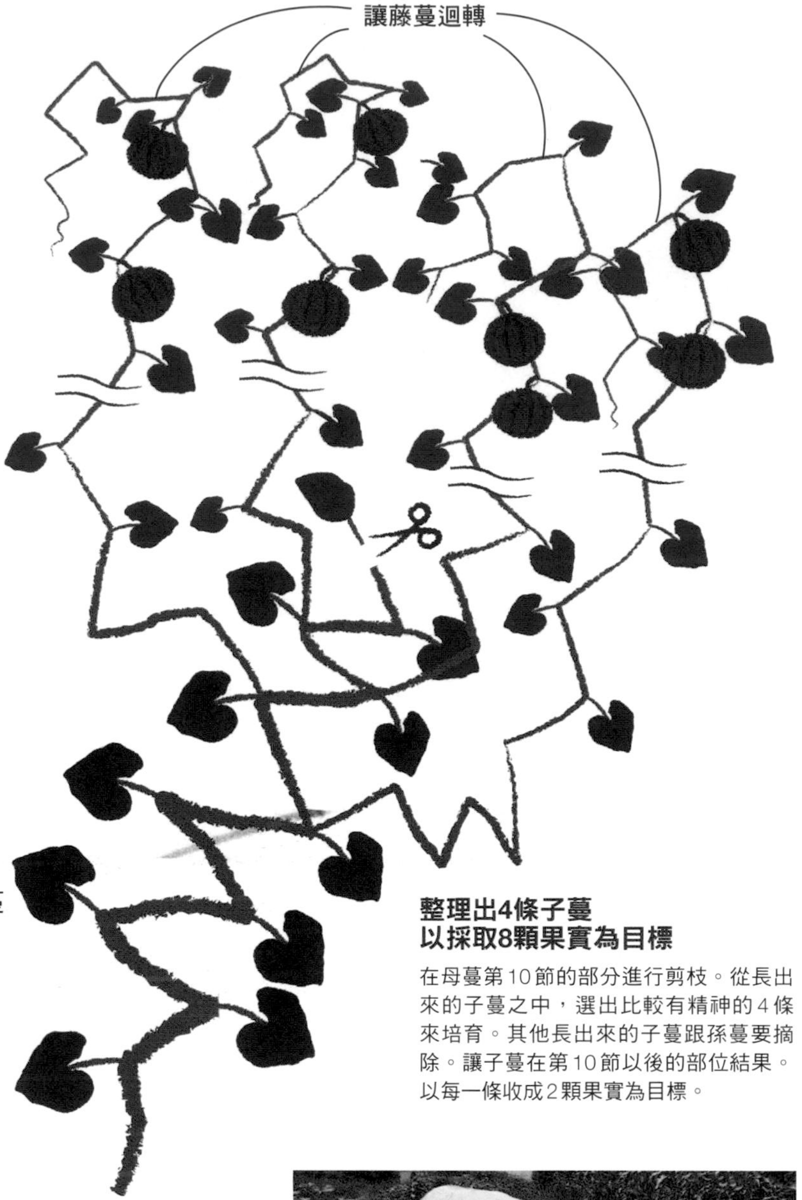

整理出4條子蔓
以採取8顆果實為目標

在母蔓第10節的部分進行剪枝。從長出來的子蔓之中，選出比較有精神的4條來培育。其他長出來的子蔓跟孫蔓要摘除。讓子蔓在第10節以後的部位結果。以每一條收成2顆果實為目標。

西瓜的整理方式

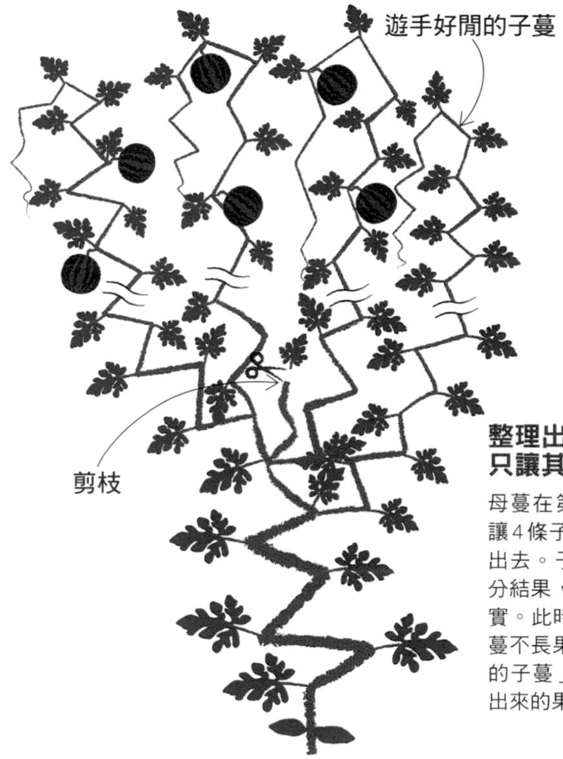

整理出4條子蔓
只讓其中3條結果

母蔓在第10節的部分剪枝，讓4條子蔓往同一個方向延伸出去。子蔓在15～20節的部分結果，可以採取到美味的果實。此時，刻意讓其中1條子蔓不長果實，當作「遊手好閒的子蔓」，可以使其他子蔓結出來的果實更加肥美。

讓西瓜藤蔓攀爬的空間要鋪上稻稈，這樣有助於西瓜的生長。西瓜跟南瓜都是一樣，要在田畦旁邊的1.5～2m，準備讓藤蔓攀爬的空間。

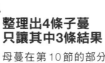

06 收成

品嚐美味的蔬菜

家庭菜園整年都有好吃的東西

好不容易種出來的蔬菜，當然要在最是美味的時期收成。觀察顏色變化、摸起來的感覺、其他各種蛛絲馬跡，每一種蔬菜都有它們最佳收穫時期的線索。請參考PART2的各別項目來進行收成，享受最是美好的風味。

另外一點，蔬菜並非只有當令的時節才會甜美。比方說葉菜類，就有淘汰幼苗時所摘下的嫩葉、收成的蔬菜、花梗長出來的花芽等3種方式，可以享受到美好的風味。記住這種味道，可以讓家庭菜園的樂趣增加好幾倍。

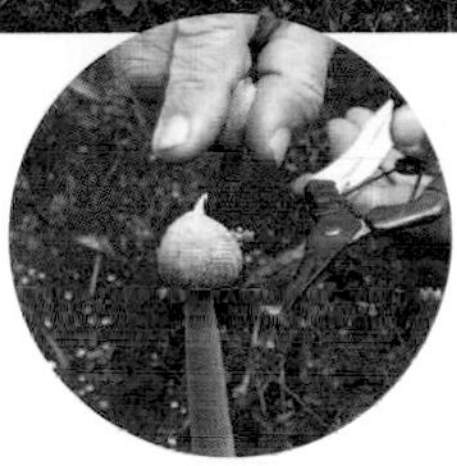

把蔥類的花序炸成美味的天婦羅

蔥類在開花之後會變得比較硬，大多是淘汰的對象，但西村先生反而會很高興。因為「蔥類的花序可以炸成美味的天婦羅」。這種意外性的收穫，也是家庭菜園的樂趣之一。

不要放過收成的時機

大白菜要按住頭來搖晃看看。如果搖搖欲墜就代表可以收成。時機太早的話推它也不會動。

西瓜要從開花的那天開始計算天數。與藤蔓相連的果梗附近會有捲曲的鬚鬚，當鬚鬚根部變成棕色即可收成。

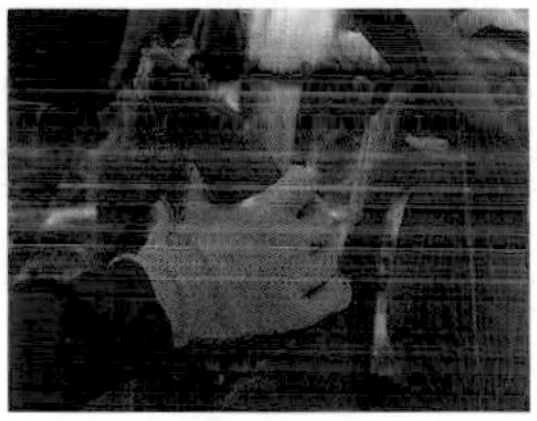

玉米雌穗前端長出來的鬚鬚如果變成棕色，就是收成的時機。把穗按住，如果給人飽滿的感覺就可以摘下。

小黃瓜的長度在15cm左右最是美味。藤蔓較為脆弱，用手摘取會讓藤蔓受傷。一定要用剪刀來收成。

番茄的顏色轉為全紅就可以收成。下雨會讓果實比較容易裂開。收成快到的時候，要留意天氣預報。

番薯要挖出來看看才會知道。請一定要先試挖，檢查肥美的程度再來收成。

青花菜梗可以長期收穫

青花菜梗，是西村先生喜愛的蔬菜之一。較為頻繁的撒上溫和性肥料，整個冬天到早春的時期都可以收穫。剛採下來的青花菜梗味道甜美，讓西村先生到田裡的時候總是帶著鹽跟美乃滋。

菜的秘訣

各種
常見的問題
一次解決

向西村和雄先生請教 懶人農法的各種問題與對策

- ●西村流，23 種人氣蔬菜的美味種法
- ●種出甜美蔬菜的秘訣
- ●活用雜草，一邊培育蔬菜一邊改造土壤
- ●不怕炎熱也不怕缺水的培育方式
- ●抗拒害蟲與疾病！ 怎樣讓蔬菜維持健康

PART 2

23種人氣蔬菜

西村流 種植蔬成功

原產於南美安地斯山地　茄科

番茄

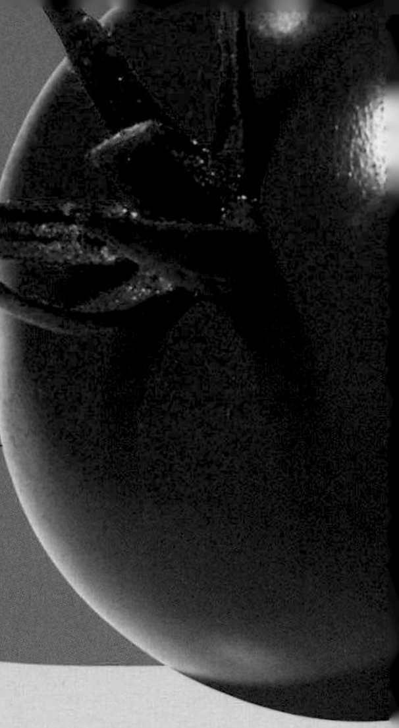

種出美味蔬菜的秘訣

●原生長於南美高地的乾燥地區，不適應高溫與多濕的環境。
●為了避免田畦太濕，要把割下來的雜草鋪在田畦上面。
●老舊的葉子要經常剪掉，以良好的通風環境來培育。

基本的栽培時間表

3月	●種植的60天前開始製作幼苗。 ●如果選擇購買，要向種子行或花市預約。
4月	●種植的2個禮拜前，將田畦準備好。 ●番茄的基肥要少一點。肥料太多的話，營養過剩跟疾病、蟲害等問題也會變多。
5月	●種植之前，要讓苗的根土吸收足夠的水分。 ●把苗種下。跟韭菜混植可以預防土壤相關的病害。 ●立起支柱來進行導引。
6月	●經常的將腋芽摘除，整理出1根主枝幹。配合主枝幹的延伸，用繩子綁到支柱上來進行導引。綁的時候要保留充分的空間。
7月	●把稻稈或割下來的草，鋪在苗株的基部，可以讓地面溫度跟土壤的濕氣穩定下來，改善發育的狀況。 ●開始收成。 ●開始施加追肥。頻率為每週一次，少量即可。
8月	●持續收成。 ●如果新長出來的葉子面積太小、沒有什麼精神的話，表示養分不足。葉子顏色太濃則代表養分過多。依照狀況來調整追肥的份量。
9月	●大番茄差不多要結束。 ●小番茄可以一直收成到結霜為止，但也可以配合下一批農作物的計劃，提早結束。
10月	●下一批農作物建議選擇菠菜。田畦還留有肥料的養分，基肥的溫和性肥料可以稍微減少一點。小松菜、茼蒿也值得推薦。

種植

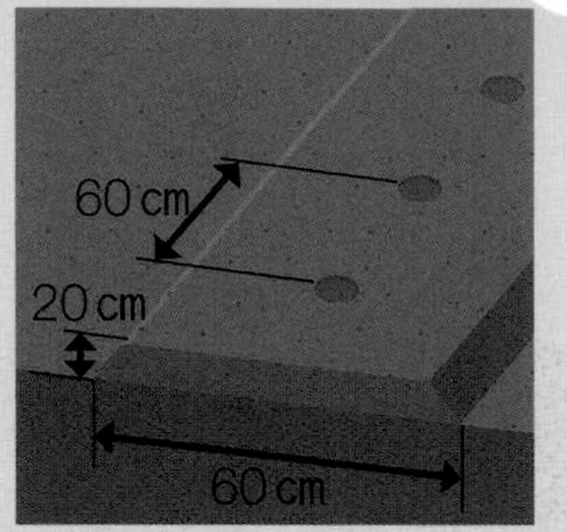

田畦的尺寸
寬60 cm × 高20 cm

種植方式
以60 cm的株距
種植1排的幼苗

共榮作物
韭菜、九層塔、毛豆、花生

基肥

溫和性肥料：100cc／1株
完熟肥：移株用灰匙1匙／1株
跟種植場所的半徑30 cm × 深10 cm的土壤混合

追肥

溫和性肥料：40cc／1株
開始收成之後，以每週一次的頻率來施加追肥。薄薄的鋪在蔬菜基部周圍的20 cm內，跟土壤稍微的混合。

照護與收成

照護：要經常的將腋芽摘除，整理出1根的主枝幹。小番茄到了栽培的後半段，可以任其自然生長。

收成：從紅透、成熟的果實開始收成。開花之後約45～60天。

重點建議

選擇沒有風的日子來種植
種植幼苗的時機，是在氣溫充分回升的5月連休假期（4月底到5月初）的前後。陰天的上午加上無風狀態，是最為理想的條件。強風會讓幼苗承受壓力，甚至是讓莖幹折斷，使後果不堪設想。另外則是讓苗杯內的土壤吸收充分的水。倒一桶水把根土泡進去，吸飽水分之後再拿到田畦種植，可以讓幼苗順利的紮根下去。種的時候不用澆水。

出現這種症狀嗎！

番茄的果實，從尾端發黑、腐爛

對策

補充鈣質 防止尾端腐爛

順利成長的番茄，從尾部一端變黑、腐爛，這是因為沒有得到充分的鈣質。只要在種植之前，把有機石灰撒在田畦上面，就不用擔心會出現尾端腐爛的果實。

但如果使用雞糞等含有豐富磷酸的肥料，則鈣質會在土中跟磷酸結合，讓番茄吸收不到。

如果已經出現尾端腐爛的果實，則必須補充鈣質才能改善。準備10公升左右的水，加上1匙尖尖的碳酸鈣使其溶化。取出大約半杯的上清液，加上等量的水來稀釋，灑到植株周圍。這樣在下次結果的時候，就不會出現尾端腐爛的果實。

1 尾端腐爛的果實。2 碳酸鈣的上清液。碳酸鈣可以從日用品中心的園藝專區買到。如果是顆粒較細的有機石灰，則可以當作碳酸鈣的替代品。

出現這種症狀嗎！

番茄的果實裂開出現龜裂的模樣

遇到下雨的時候，特別是大番茄，表皮很容易裂開。外表雖然不雅觀，但並非疾病造成，食用起來沒有問題。

對策

防止土壤太濕 可以預防果實裂開

番茄會在下雨的時候迅速吸收水分，讓果實膨脹起來，無法承受的表皮很輕易的就會破裂。這就是番茄裂開的原因。外表雖然不雅，卻不是疾病造成，味道一樣的甜美。要防止果實裂開，必須想辦法讓土壤不會太濕。

把割下來的草或稻稈鋪在田畦上面，可以成為有效的對策。以橫的方向鋪在田畦上面，可以讓雨水流向兩旁的通路，讓田畦不會變得太濕。每到夏天，田畦周圍不斷長出雜草，不用擔心沒有草可以鋪。請試著用10cm左右的厚度來進行鋪設。

把割下來的草或稻稈鋪上，可以讓雨水流到兩旁的通路。這樣可以防止田畦太濕，也能防止果實裂開。

在番茄田畦的左右兩側，以30㎝的間隔，用點播的方式在每一處撒上2顆毛豆來進行栽培。這是相容性很高的混植方式。沒有必要追加給毛豆用的肥料。

用毛豆來進行混植，也是防止果實裂開的有效對策。毛豆熱愛水分，會盡情吸收土中的水，對於喜愛乾燥的番茄來說，可以得到合適的環境。6月以後將晚生種的種子撒下，可以防止番茄的果實裂開，也能在10月收成美味的毛豆。

出現這種症狀嗎！

花朵掉落 長不出果實

對策

原因是高溫讓授粉能力降低 請改善通風的狀況

花朵掉落的原因有幾種。肥料不足、肥料過多、高溫所造成的授粉不良等等。肥料不足、肥料過多的對策等一下會介紹，在此先來說明高溫的對策。

①實現涼爽的環境

氣溫如果超過30度，番茄的授粉能力就會降低。授粉沒有成功的花朵，馬上就會掉落。不光是番茄，每到盛夏的高溫時期，都必須採取適當的高溫對策。

首先，以番茄的基部為中心，把割下來的草或稻稈鋪上，藉此降低地面的溫度。另外要常常修剪老舊的葉子，避免枝節太過擁擠，改善通風的狀況。盡可能為番茄提供涼爽的環境。

用遮光網緩和直接照射下來的日光。也是有效的方式。

②讓可以幫助授粉的昆蟲聚集

就算氣溫是達到30度以上的高溫，讓番茄的授粉能力降低，只要找來較多的昆蟲，還是可以成功的進行授粉，減少花朵掉落的數量。番茄雖然是自己進行授粉的植物，但也能透過蜜蜂、虻、蒼蠅等昆蟲來授粉。

不論是番茄、茄子，還是草莓，必須要在授粉之後，才會發出「讓果實變大」的指令。因此對於會結果的蔬菜來說，授粉非常的重要。番茄農場的溫室栽培，會利用熊蜂等昆蟲來協助番茄在高溫之下授粉，以此來維持收成。

家庭菜園則建議種花，吸引昆蟲前來聚集。選擇會開花的草本植物，以盆栽的方式零星的擺在番茄基部，會是很好的方法。

1 把老舊的葉子修剪乾淨，改善通風的狀況。2 也建議用分散的方式，把開花植物種到耕地內。

出現這種症狀嗎!

樹的末端瘦弱 就算開花也馬上掉落

對策

肥料不足，要經常的施加追肥。

如果番茄上方的莖幹比較細，葉子小而且又偏黃色的話，就代表肥料不足。開出來的花朵很快就會掉落。

遇到這種狀況，必須施加追肥。抓一小把溫和性肥料，在基部周圍半徑20～30cm的範圍，繞圓來撒上一圈。追肥用每週一次的頻率，少量但定期的施加。份量不要太多。理想的狀態，是讓葉子維持在淡綠色。

另外在收穫初期，第一串花所長出來的果實不要全部收成，趁還小顆的時候把大約一半的果實摘掉。這項作業也很重要。節省下來的養分可以讓樹成長得更加茁壯，在未來結出更多的果實。不要一開始就操之過急。

養分如果不足，番茄會讓花朵掉落來保護自己。一點一點的施加追肥，讓番茄振作起來。

出現這種症狀嗎!

莖變得太粗而且歪七扭八 葉子太過茂密，長不出果實

對策

肥料過多。請讓側枝生長出去，將營養分散。

生育初期如果肥料太多，會讓植物陷入「樹木癡呆症」這種，只有枝葉的部分不斷成長，不開花也不結果的狀態。就算開花也馬上掉落，很難長出果實。基部以上的莖幹變粗，左右彎曲不會聽話。

肥料一旦施加下去，就沒有辦法去改變。因此採取的對策是不將腋芽摘除，讓1～2根生長出去來分散過多的養分。增加枝幹的數量，把攝取過多的養分給消耗掉。

其中的秘訣，是讓花串下方的葉子基部長出來的腋芽成長。這根腋芽會非常的強勢，成為不輸給主枝幹的枝葉，長出許多的果實。除此之外的腋芽則是趁早摘除。

莖幹如果比拇指更粗，那就必須小心。在一開始使用比較少的基肥，是種番茄不變的原則。

健康的番茄，葉子是比周圍深一點點的綠色，葉子稍微往上捲起。感覺就像是掌心朝上、有點像握起來的手。要維持在這個狀態。

原產於印度東部　茄科

茄子

種出美味蔬菜的秘訣

- ●生長於熱帶地區，喜好高溫且多濕的環境，遇到肥沃的土壤會迅速成長。
- ●根部延伸的範圍又寬又深，基肥要撒在廣泛的面積上。
- ●盂蘭盆節（農曆7月）的前後比較沒有精神，要修剪枝葉來休息一下。

基本的栽培時間表

3月
- ●種植的60天前開始製作幼苗。
- ●如果選擇購買，要向種子行或花市預約。

4月
- ●種植的2個禮拜前，將田畦準備好。
- ●根部延伸的範圍相當廣泛，基肥一樣也要又深又寬，份量充足。

5月
- ●種植之前，要讓苗的根土吸收足夠的水分。
- ●把蔥一起種下，可以預防青枯病。
- ●種好之後立起支柱來進行導引。

6月
- ●第1顆果實快點摘掉。
- ●讓第1朵花正上方與正下方的葉子長出來的腋芽延伸出去，跟主枝幹一起，整理出3根枝葉。在這以下的腋芽要經常的摘除（葉子不用剪掉）。

7月
- ●把稻稈或割下來的草，鋪在苗株的基部，可以改善發育的狀況。
- ●開始收成，注意不要有遺漏。
- ●開始施加追肥。頻率為每週一次，一點一點的施加。如果覺得葉子太小，就代表肥料不足。

8月
- ●到了盂蘭盆節前後，如果樹木變得比較沒有精神，要修剪枝葉來休息一下（修剪更新、30頁），用雙手撈起一團的溫和性肥料，撒在苗株周圍，跟土壤稍微的混合。

9月
- ●修剪更新的1個月後，開始採收秋季的茄子。

10月
- ●拔除之後打掃乾淨。可以在這個時期種植的下一批農作物，有小松菜、菠菜、洋蔥等等。田畦還留有給茄子用的肥料，基肥要稍微少一點。

種植

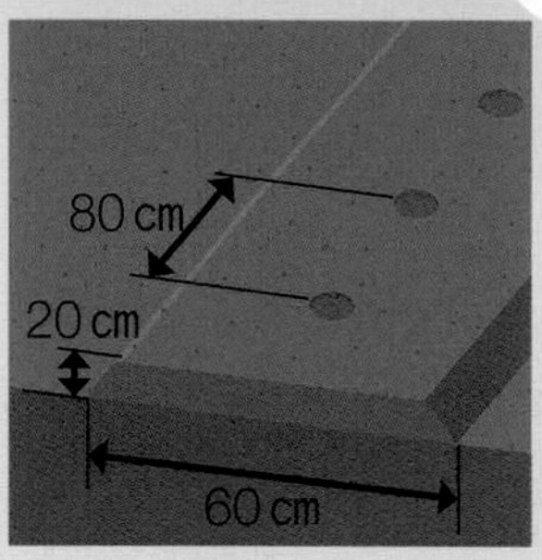

田畦的尺寸
寬60 cm × 高20 cm

種植方式
以80 cm的株距
種植1排的幼苗

共榮作物
蔥、韭菜、香芹、花生、萬壽菊

基肥

溫和性肥料：600cc／1株

完熟肥：移株用灰匙1匙／1株

跟種植場所的半徑30 cm × 深15 cm的土壤混合

追肥

溫和性肥料：40cc／1株

開始收成之後，以每週一次的頻率來施加追肥。撒在蔬菜基部往外30 cm的範圍上，跟土壤稍微的混合。

照護與收成

照護：整理出1根主枝幹＋2根側枝。在這以下的腋芽必須摘除。

收成：開花之後15～20天，採收未成熟的果實。

重點建議

把割下來的草鋪上，茄子就會有精神

把雜草割下來鋪在田畦上面，可以改善茄子的發育狀況，其他蔬菜也是一樣。請堆出厚度約5 cm的草來嘗試看看。氣溫較低的時候可以成為保溫材，大太陽的時候可以抑制地面溫度上升，防止土壤乾燥。但不可以使用帶有種子的雜草。這樣會讓雜草繁殖，處理起來非常麻煩。另外，摘除腋芽的時候不可以用吸煙的那隻手來進行。會讓農作物感染菸草鑲嵌病毒。

出現這種症狀嗎!

爬滿了蚜蟲跟葉蟎

對策

噴上布海苔溶液或即溶咖啡

茄子樹的葉子背面，常常會出現葉蟎。這是一種吸取植物汁液的蟲子，一旦出現，數量會在轉眼之間增加。一定要盡早發現來採取對策。葉蟎發生在沒有下雨的乾燥時期，請仔細的進行觀察。

要驅逐葉蟎，塔巴斯科溶液（第90頁）相當有效。另外也建議使用即溶咖啡。把濃度調到跟美式咖啡差不多，用噴霧器來噴到葉子內側。單是咖啡沒辦法附著在葉子上面，要加上少許的肥皂水。咖啡乾掉之後會形成黏膜，讓葉蟎無法行動，最後窒息而死。

關於蚜蟲，布海苔（赤菜）溶液會比咖啡更有效。把布海苔放到水中泡軟，加水將浸泡的液體稀釋到噴霧器不會阻塞的程度，來噴到葉子上。加上一點溶化的肥皂，比較容易附著在葉子上。乾掉之後會讓蚜蟲窒息，迅速將它們驅逐。

蚜蟲常常出現在新長出來的嫩芽上面。蚜蟲最麻煩的一點，是會傳染鑲嵌病。為了預防疾病，要仔細進行觀察，盡早將它們驅逐。要是找到蚜蟲，葉子又出現萎縮的症狀，那就有可能是感染到鑲嵌病。染病之後唯一的解決方式，是把這個部位全部切除，讓下方的腋芽成長來重新培育。番茄跟青椒也是一樣。

改善環境來維持健康

蔬菜如果出現害蟲或是感染疾病，那就要假設蔬菜本身處於健康不良的狀態。

害蟲、病原菌、霉菌總是虎視眈眈的想要附到植物身上。肥料不足或是過多、太濕或是太乾等等，一旦蔬菜承受不了壓力而開始衰弱，它們就會以「就是現在！」的感覺來一擁而上。

要防止疾病跟害蟲，必須讓蔬菜維持良好的健康狀態。將品質良好的堆肥混入土中來改造土壤、肥料總是維持在8分飽。以這種方式培育出來的健康蔬菜，害蟲就算來了也咬不下去。而這也是防止疾病跟害蟲的最佳對策。

長出大片葉子、健康狀況良好的茄子。養分跟水恰到好處，通風與陽光也剛剛好。只要整理出適當的環境，疾病跟害蟲都很難逼近。

出現這種症狀嗎!

茄子果實的表面出現瘡疤一般的棕色傷痕

對策

確實導引枝幹以免風吹造成擦傷

出現在茄子表面的瘡疤一般的傷痕，是果實還小的時候受傷所留下的痕跡。枝幹被風吹動，剛長出來的果實跟葉子等其他物體摩擦，讓柔嫩的表皮受傷。之後隨著果實的成長，傷痕也跟著擴大。

要防止這點，得將枝幹確實的固定在支柱上，這樣就算有風吹過，果實也不容易晃動。

用繩子將枝幹套在架成X型的支柱上，或是用繩子把枝幹吊在1根支柱上，有各種導引的方式存在。在此要向大家推薦的，是把支柱插在田畦的周圍，以不同的高度拉出好幾條繩子，讓延伸出來的枝幹掛在繩子上面的方法。茄子在收成之後，枝幹會留下「ㄟ」字型的軸心，這個部分剛好可以成為掛鉤。

1果實還小的時候如果擦傷，長大之後就會變成這樣。害蟲啃蝕的痕跡，一樣會隨著茄子的成長變得像是瘡疤一般。2確實的進行導引，以免枝幹晃動。照片內採用的方式，是以橫的方向拉出繩子，讓茄子的枝幹掛在上面。

出現這種症狀嗎!

就算開花也馬上掉落長不出果實

對策

原因是水分不足、肥料不足必須改善培育的環境

茄子被人說是「沒有任何無謂的花朵」，普通的種植，每一朵花都會長出果實。花朵之所以掉落，是因為授粉沒有成功。

茄子的花朵綻放時會面對下方。仔細觀察，可以發現雌蕊比雄蕊要往外凸出一些。這種構造被稱為長花柱花。一旦開花，雄蕊發出的花粉就會附著到雌蕊上面，確實的完成授粉。

但如果遇到肥料不足、肥料過多、乾燥或是其他原因，讓茄子處於健康不良的狀態，就有可能成為雌蕊比雄蕊要短的短花柱花，授粉也就無法順利完成。番茄也會遇到這種狀況，適當的施肥、用稻稈或割下來的草把田畦蓋住等等，要改善培育的環境才能解決這個問題。

茄子的花朵綻放時會面對下方，只要處於健康狀態，都能確實的完成自花授粉。

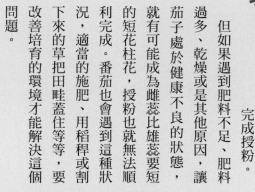

出現這種症狀嗎!

長出來的茄子太硬又沒有光澤

對策 澆水，並將割下來的草鋪到田畦上面來防止乾燥

很少有蔬菜像茄子這樣熱愛水分。如果水分不足，就會長出顏色較淡、較硬的茄子。梅雨季節之後的乾燥時期，很容易出現這種現象。要是大太陽的日子持續不斷、土壤乾燥的話，就要主動的澆水。如果嫌澆水麻煩，可以把稻稈或割下來的草鋪在田畦上面，下功夫來防止土壤變得太過乾燥。

用截面來看田畦的形狀，建議最好是中央稍微凹陷下去的，較為平緩的M字型。這樣可以讓雨水或澆下去的水集中到茄子的基部。芋頭一樣也建議使用這種M字型的田畦。

另一點，茄子的果實要趁幼小的時候採收。如果出現遺漏讓果實長大，會讓樹木太過疲勞。

1長出來的茄子如果表皮萎縮沒有光澤，代表水分不足。注意天氣預報，要是都沒有下雨的話，要主動幫茄子澆水。通路也要灑上大量水。2鋪上稻稈來防止土壤乾燥。地面溫度也會穩定下來，長出美味的茄子。

出現這種症狀嗎!

茄子樹小小一株感覺就是長不大

對策 第1顆果實盡早摘下，讓根部發達來促進樹木成長

茄子這種蔬菜，對於肥料有相當的胃口。根部延伸的範圍又寬又深，必須好好的將土耕過，把充分的基肥混入土中。最少要在半徑30㎝、深15㎝的範圍之中，混入600cc左右的遲緩性肥料。

用這種方式讓根部確實的延伸出去，長出強壯的樹幹與坐墊一般的葉子，可以說是成功的秘訣。到時會長出許多美味的果實。

最為重要的，是怎樣處理開出來的第一朵花。第一顆果實一定要摘掉。如果沒有摘掉而越長越大顆，則無法形成茂密的根部，茄子樹也長不大。

發育的初期，請把目標設定為讓茄子樹成長茁壯。第一顆果實一定要摘掉，這點請不要忘記。

1如果讓第一顆果實長大，茄子會集中養分來製造種子，樹木的成長也就此停擺。這樣實在是很可惜。2培育出大棵的樹木，用比較高的頻率收成，可以讓茄子樹持續的開花，美味的果實也會一顆又一顆的長出來。

原產於熱帶美洲　茄科

青椒

種出美味蔬菜的秘訣

- 青椒的故鄉，是美洲南部到中部的乾燥地區。
- 土壤太濕容易讓根部腐爛，要用割下來的草進行覆蓋。
- 幼苗無法承受低溫，成長之後可以適應寒冷，一直到晚秋都可以收成。

基本的栽培時間表

3月
- 種植的60天前開始製作幼苗。
- 如果選擇購買，要向種子行或花市預約。

4月
- 種植的2個禮拜前，將田畦準備好。

5月
- 把幼苗種下。幼苗無法承受低溫，一段時間內必須蓋上保溫罩或燈籠外皮，當作防寒、防風的手段。
- 把蔥的幼苗一起種下，可以預防青枯病。
- 拿下保溫罩之後，立起支柱來進行導引。

6月
- 第一顆、第二顆果實要盡早摘掉。
- 比第一顆果實要低的葉子長出來的腋芽，也要經常的摘除。
- 把稻稈或割下來的草鋪在苗株的基部，可以改善發育的狀況。

7月
- 開始收成，注意不要有遺漏的果實，不然會對植物造成負擔。
- 追肥的頻率為1個月1次。葉子的顏色如果變得跟周圍的草一樣淡，就代表肥料不足，要適度施加少量的追肥。

8月
- 持續收成，注意不要漏掉。
- 會出現綠椿象，要多加留意。
- 菸草蛾的幼蟲會在果實內啃蝕。出現開孔的果實一定要連同幼蟲一起處分掉。

9月
- 持續收成，注意不要漏掉。
- 果實的味道如果比較苦，代表水分或肥料不足。土壤乾掉的話必須澆水。

10月
- 拔除之後打掃乾淨。可以在這個時期種植的下一批農作物，有小松菜、菠菜、洋蔥等等。田畦還留有給青椒用的肥料，不論選擇哪一種，基肥都要稍微少一點。

種植

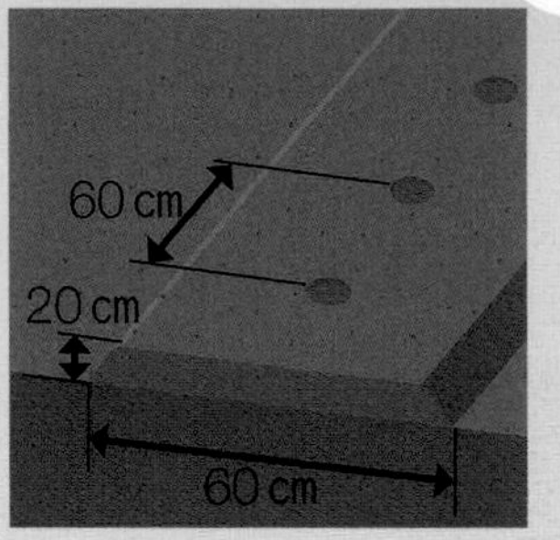

田畦的尺寸
寬60㎝×高20㎝

種植方式
以60㎝的株距
種植1排的幼苗

共榮作物
蔥、花生、毛豆、番薯

基肥

溫和性肥料：200cc／1株
完 熟 肥 ：移株用灰匙1匙／1株
跟種植場所的半徑20㎝×深10㎝的土壤混合

追肥

溫和性肥料：100cc／1株
開始收成之後，以每個月一次的頻率來施加追肥。在蔬菜基部往外15㎝的範圍薄薄的撒上，跟土壤稍微的混合。

照護與收成

照護：每次收成都要適度的進行整枝，以免枝葉太過擁擠。

收成：以較高的頻率，來收成幼嫩、尚未成熟的果實。

重點建議

種植青椒時，要偶爾整理一下樹枝
青椒的每一片葉子，會分出2根枝幹。如果放任不管，會持續加倍生長，讓葉子變得相當雜亂，也會讓陽光跟通風變差。建議在每一次收成的時候，適度的修剪一下枝葉，整理出清爽的外觀。但要注意剪過頭會讓果實曬太多的陽光而灼傷。

出現這種症狀嗎！

果實的一部分變色甚至腐爛

對策 補充鈣質來防止果實的尾端腐爛

原因是鈣質不足。要是肥料過多，特別是使用較多含鉀量豐富的雞糞時，就會妨礙鈣質的吸收，形成尾端腐爛的果實。將碳酸鈣或有機石灰加到水中溶化，把上清液灑在蔬菜基部的周圍來觀察一陣子（37頁）。

另一種可能性，是結太多果實，出現果實跟果實擠在一起的狀況。互相推擠的部分有時會爛掉。為了防止這點，請適度的修剪枝葉來維持清爽的外觀。可以在每次收成的時候，順便整理一下細小的枝葉。

要是放著不管，太過茂密的枝葉會顯得雜亂，而且下垂的枝葉也會妨礙果實的生長。宜適當修剪，保持外觀的清爽。最好能讓枝葉順著支柱向上生長。

出現這種症狀嗎！

收成的青椒苦澀且味道不好

對策 用追肥跟澆水來種出美味的青椒

稍微出現苦澀的味道，是忘了摘下、長得比較老的青椒。青椒、茄子、小黃瓜這些蔬菜，都要趁尚未成熟的時候採收，才會比較美味。錯過採收的時機，會讓風味變差。

青椒的肩膀確實隆起、尾端往內凹陷，都是甜美的證明。忘了收成持續留在樹枝上，肩膀會漸漸的下垂，尾端的凹陷也會漸漸消失，變得比較扁平。

另外，肥料不足、水分不足會讓果實變苦。尺寸也會變得比較小顆。要是都沒下雨、土壤變得比較乾燥，就必須主動澆水。把割下來的草鋪在主枝幹的基部周圍，也能防止土壤乾燥。

持續施加追肥來進行培育，可以收成到結霜為止。葉子的綠色如果變淡，就代表肥料不足。請觀察葉子的顏色，適度施加追肥。在主枝幹基部往外約15㎝的周圍撒上溫和性肥料，跟土稍微的混合。

肩膀隆起、尾端往內凹陷的青椒，最為甜美。請在鮮嫩時趁早採收。

原產於印度、喜瑪拉雅山的山腳　葫蘆科

小黃瓜

種出美味蔬菜的秘訣

- 雖然是夏天的蔬菜，但喜愛涼爽氣候，討厭夏天的炎熱。
- 小黃瓜的根部延伸範圍較廣、較淺。
- 用割下來的草將田畦蓋住，可以保護根部不受乾燥與高溫的影響，讓蔬菜順利的成長。

基本的栽培時間表

3月	●種植的30天前開始製作幼苗。 ●如果選擇購買，要向種子行或花市預約。
4月	●種植的2個禮拜前，將田畦準備好。
5月	●為了讓根部確實的伸展出去，要大面積的撒上基肥。 ●把蔥的幼苗一起種下，可以預防青枯病。 ●一直到第8節為止，要把腋芽跟花芽摘掉，讓母蔓延伸出去。這是為了讓根部確實的伸展。
6月	●把稻稈或割下來的草鋪在苗株的基部，可以改善發育的狀況。 ●拿園藝用的網子來導引母蔓跟子蔓。 ●開始收成。
7月	●計算母蔓的葉子數量，在第15節（第15片葉子）的地方，跟苗株維持一段距離，把溫和性肥料薄薄的撒上，並蓋上少許的土。葉子的顏色如果變得跟周圍的草一樣淡，就代表肥料不足，要適度施加少量的追肥。
8月	●持續收成，注意不要漏掉。 ●將老舊跟受傷的葉子摘除，改善通風的狀況。 ●梅雨季節結束、進入乾燥的時期，容易出現白粉病。
9月	●拔除之後打掃乾淨。 ●支柱跟網子可以持續使用，可以種植附帶藤蔓的四季豆。田畦還留有給小黃瓜用的肥料，基肥要稍微少一點。
10月	●可供選擇的下一批農作物有十字花科、菠菜、洋蔥等等。豌豆跟蠶豆也值得推薦。 ●種完小黃瓜之後要避開紅蘿蔔，那會讓發育的狀況變差。

種植

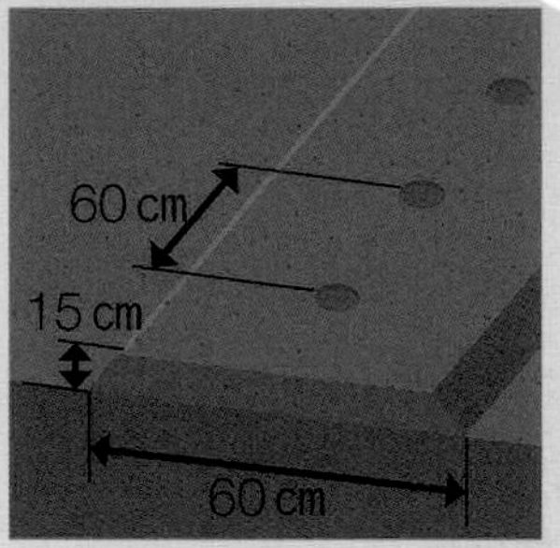

田畦的尺寸
寬60cm×高15cm

種植方式
以60cm的株距
種植1排的幼苗

共榮作物
蔥、花生、鴨兒芹、
香芹

基肥

溫和性肥料：**400cc／田畦1m**
完　熟　肥　：**移株用灰匙1匙／田畦1m**
以15cm的深度跟田畦整個表面的土壤混合

追肥

溫和性肥料：**200cc／1株**
當母蔓的葉子長到15片的時候，薄薄的撒在主枝幹基部1m以外的周圍。

照護與收成

照護：用網子導引藤蔓。一直到第8節（第8片葉子）為止，要把腋芽跟花芽都摘除。

收成：大約開花的7天之後收成。趁早熟的時候摘取會比較美味。放任果實長大會讓樹木疲勞。

重點建議

小黃瓜必須鋪上稻稈
小黃瓜本來是爬在地面上的植物。原本的特性，是讓延伸出去的藤蔓長出葉子來形成陰影，保護跟地面比較接近的根部。因此如果是用支柱來導引小黃瓜，就必須用稻稈或割下來的草將田畦的表面蓋住，來保護小黃瓜的根部。這同時也能讓地面的溫度穩定下來，防止土壤乾燥，改善發育的狀況。

這樣就能解決！常見的問題與對策

出現這種症狀嗎！

長出像蜜蜂的身體一般變形、粗細不一的果實

對策 下功夫讓根部確實的伸展

將幼苗種下後，開心地收成筆直又美味的小黃瓜。但好景不常，開始出現扭曲或尾端較細的果實，又發現有大量的黃守瓜蟲啃蝕葉子。再加上白粉病，以及彎得像蜜蜂一般的果實……。要是長出這種果實，代表小黃瓜的根部已經處於疲勞狀態。很遺憾的，今年所種的小黃瓜到此結束。小黃瓜的根部很容易就老化。

①鋪上雜草來保護根部

要避免這些狀況，得下功夫讓根部確實的伸展出去。

首先，小黃瓜的根部會在地面較淺的部分延伸，散佈在廣大的面積上。基肥也要配合這點，以又寬又淺的方式混入土中。另外還要將割下來的雜草鋪在田畦上來保護根部。如果只是覺得狀況有異、症狀還不明顯的話，這種方法或許可以挽救。

而在施加追肥的時候，不可以撒在主枝幹基部的附近，要用「導引根部來到此處」的感覺，將溫和性肥料撒在1m外的地點。肥料撒上去之後不要跟土混合，而是另外覆蓋些許的土，以免去傷到根部。在懶人農法之中，只會迅速的將肥料撒上。

②老化苗要澆上稀釋的牛奶

購買的幼苗，如果是在店內放置比較久的老化苗，則根部無法確實的伸展出去，種下去沒有多久，就會出現不良的症狀。

要是情非得已，必須使用這種幼苗的話，請用水將牛奶稀釋10倍，用每一株1杯的份量灑在主枝幹的基部（97頁）。很不可思議的，幼苗就會變得非常有精神。其中的理由雖然還不明確，但試了幾次，每一次都很有效。

不只是我自己，另外也有好幾間農場，使用同樣的方式。當然，最好的方法還是一開始就挑選狀況良好的幼苗來種植。

③發育初期把芽摘除的重要性

小黃瓜的葉子根部，會長出腋芽跟花朵。發育初期非常重要的一點，是把它們全部摘除。

這樣可以讓小黃瓜拼命的把藤蔓延伸出去，根部也會隨著擴散。最少要摘除到第8節（第8片葉子）。葉子則是保留不動。只要徹底執行，最少可以採收30根以上的美味小黃瓜。要是沒有將腋芽摘除，採收到10根左右的時候，就會出現「咦？」的感覺，開始長出變形的小黃瓜，收穫量也到此結束。

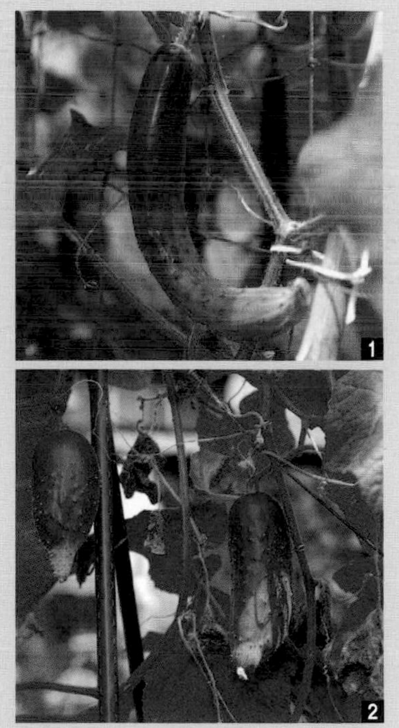

1 若是出現扭曲的小黃瓜，就要開始注意。原因是肥料或水分不足。2 尾端縮小的果實。根部若是處於疲勞的狀態，變形的果實就會越來越多。

來嘗試看看！不怕炎熱夏天的小黃瓜栽培法

採收200根也不是夢想
壓箱寶的栽培方式

在高高的田畦施加大量的基肥，讓小黃瓜長出茂密的根部。一起來瞭解這種不會輸給炎熱夏季的栽培方式。

製作田畦的方式如同左圖。在60㎝高的大型田畦施加充沛的基肥，然後把苗種上。

栽培的重點，在於怎樣讓較多的根部延伸出去。為了實現這點，一直到12～13節為止，都要把腋芽跟花芽摘掉，只讓母蔓延伸出去。一直長到12～13節、根部擴散到整個田畦上面的時候，就要把割下來的草鋪上去。要是在一開始就用草來覆蓋，則根部只會散佈在土壤的表面。

割下來的草，要用橫的方向來鋪到田畦上面。這樣可以讓雨水流到兩旁的水道，防止土壤變得太濕。鋪的厚度約5㎝就已經足夠。

接下來呢，就算其他人的耕地所種的小黃瓜已經開始收成，也沒有必要去在意。只要根部確實的伸展，就不用害怕夏天的炎熱。花朵持續的綻放、果實一顆又一顆的長出來，轉眼之間就讓收成的數量超越其他人。

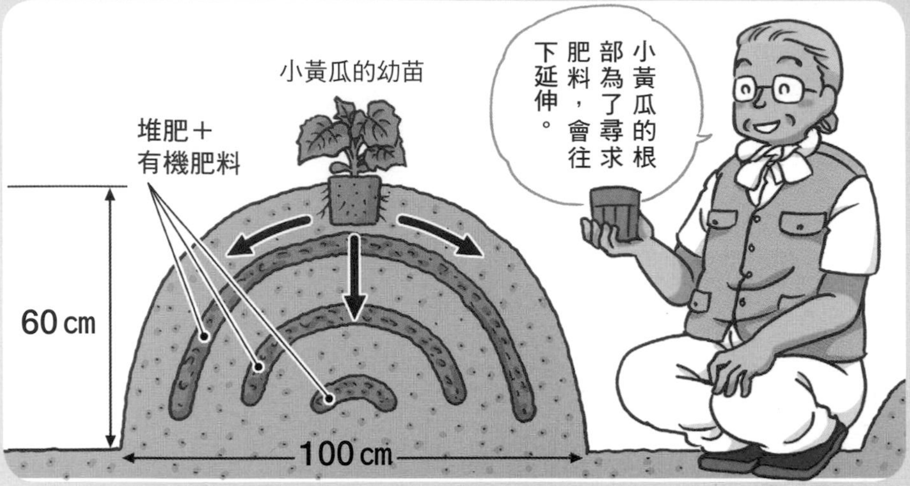

小黃瓜的根部為了尋求肥料，會往下延伸。
小黃瓜的幼苗
堆肥＋
有機肥料
60㎝
100㎝

1 在大型的田畦施加充沛的基肥

把土堆好之後撒上基肥迅速的混合，分成3次來進行，製作出高度約60㎝的大型田畦。用完熟肥3、溫和性肥料1的比例放到水桶內混合，每1株施加10公升左右的份量。

長到12～13節之後，用割下來的草進行覆蓋。
架上園藝用的網子來導引藤蔓
用草覆蓋

2 把12～13節的芽全都摘掉之後，用雜草進行覆蓋

基本上把腋芽跟花芽摘掉的部分，是到第8節（46頁），但這種方式會持續的摘除，一直讓母蔓成長到12～13節為止。到這階段，才首次將割下來的草鋪到田畦上面。12～13節以後，不用去修剪枝葉。用網子導引子蔓跟孫蔓，持續進行大量的收成。

出現這種症狀嗎！

白粉病讓葉子變成白色

對策

請用碳酸鈣或醋＋燒酎來預防

初期的對策，是使有機石灰或碳酸鈣的稀釋溶液（37頁）。醋＋燒酎也會有效（94頁）。被感染成全白的葉子必須摘掉來進行處理。輕輕的摘下以免孢子飛散，裝到袋子裡面給垃圾車回收，或是給焚化爐燒掉。白粉病是「寄生於活體」的菌類，只會寄生在活的植物上面。掩埋之後就會死亡。疾病與害蟲會發生在蔬菜比較衰弱的時期。改善生長的環境讓蔬菜健康成長，才是疾病與害蟲的最佳對策。

感染白粉病的小黃瓜葉子，要輕輕的剪掉來進行處理。

出現這種症狀嗎！

開出許多雄花但沒有雌花不會結果

對策

用鏟子把根部切除來給予刺激

沒有開出雌花，代表肥料太多。

不論是西瓜還是南瓜，都會有人撒上大量的肥料，希望可以長出比較大顆的果實。但其實這種作法在絕大多數的場合，都會讓藤蔓變得癡呆，開不出雌花。

為了讓小黃瓜開出雌花來長出果實，方法之一是用鏟子把根部切除。距離主枝幹基部20～30㎝的位置，用力把鏟子插進去。只要一處就好。要是整個周圍全都插下去，會讓小黃瓜枯死。

這樣會讓小黃瓜受到很大的刺激，覺得「生命受到威脅！」，為了留下子孫匆忙的開出雌花。果實也會跟著長出來。

對策

請試著將母蔓剪枝

另一種方法，是對母蔓進行剪枝。

要是母蔓都只開出雄花，請試著將這條母蔓的前端剪掉。然後子蔓就會迅速的延伸出去，開出一朵又一朵的雌花。這樣應該就能解決問題，長出許多的果實。

接著將割下來的草鋪到田畦上面，改善生長的環境，持續栽培下去。

把老舊的葉子剪掉

開始收成之後，每次採收果實，請順便將下方較為老舊的葉子適度的修剪一下。老舊的葉子持續留著，會對植物造成負擔。讓養分集中在新的葉子跟果實上面，可以得到更多的收穫。

受損的老舊葉子，要剪掉來進行整理。順便改善通風與陽光。

原產於中南美的乾燥地帶　葫蘆科

南瓜

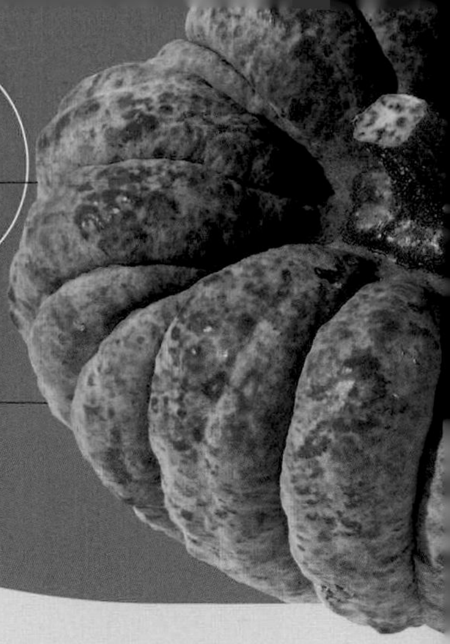

種出美味蔬菜的秘訣

- ●南瓜這種蔬菜，就算在荒地上也能吸收養分來成長。
- ●施加太多基肥會讓藤蔓癡呆。要用廣範圍來撒上薄薄的一層。
- ●追肥也是一樣，施肥的時候必須又寬又薄。

基本的栽培時間表

3月
- ●種植的30天前開始製作幼苗。
- ●如果選擇購買，要向種子行或花市預約。

4月
- ●種植的2個禮拜前，將田畦準備好。
- ●根部擴散的範圍又寬又淺，基肥也要以同樣方式來施加。

5月
- ●把蔥的幼苗一起種下，可以預防青枯病。也能降低黃守瓜蟲所造成的傷害。
- ●種下去之後一段時間，蓋上保溫罩或燈籠外皮來當作防寒、防風的手段，發育狀況會比較好。

6月
- ●將稻稈或割下來的草鋪到田畦上。
- ●在母蔓的第10節剪枝。在此施加第1次的追肥。把溫和性肥料薄薄的撒在藤蔓前端附近的地面，蓋上些許的土壤，或是用稻稈、割下來的草鋪上。

7月
- ●子蔓長到第30節的時候，施加第2次的追肥。跟第1次一樣，把溫和性肥料薄薄的撒在藤蔓前端附近。
- ●每1條子蔓結出2顆南瓜，以總共採收8顆為目標。

8月
- ●開花之後1～2個月收成，較早採收味道清爽，完熟之後帶有栗子一般的甜味。

9月
- ●下一批農作物，建議選擇大白菜或青花菜。
- ●如果南瓜的收成比較晚，可以從小松菜、菠菜、豌豆之中挑選。

10月
- ●採收之後的南瓜擺在通風良好的陰暗處，可以長期性的保存。

種植

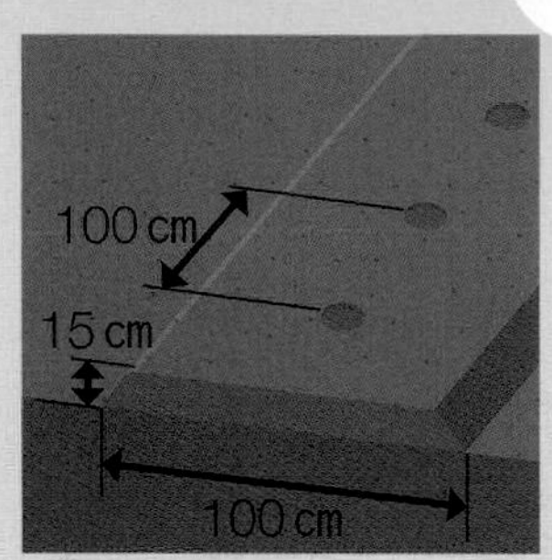

田畦的尺寸
寬100cm × 高15cm

種植方式
以100cm的株距
種植1排的幼苗

共榮作物
蔥

基肥

溫和性肥料：800cc／田畦1m

完熟肥：移株用灰匙1匙／田畦1m

薄薄的撒在整個田畦的表面，淺淺的混入土壤之中。

追肥

溫和性肥料：400cc／1株（2次都一樣）

第1次　當母蔓長到第10節，在藤蔓的前端以大面積薄薄的撒上。

第2次　當子蔓長到第30節，在藤蔓的前端以大面積薄薄的撒上。

照護與收成

照護：建議在母蔓長到第10節的時候剪枝。讓4根比較強壯的腋芽延伸出去，整理出4條的子蔓來培育。

收成：開花之後1～2個月收成。要等果柄（跟果實相連的軸）變成軟木塞的形狀。

重點建議

南瓜放任不管雖然也能收成……

種下去之後放任不管，雖然也能收成，但如果想用預定的數量採收美味的南瓜，則不可缺少整枝與追肥等細心的照料。再加上放任不管，會長出極為茂密的藤蔓，讓人無從進入。栽種方式雖然屬於個人的喜好，但若能進行某種程度的管理，培育起來會比較輕鬆。

出現這種症狀嗎!

藤蔓不斷的延伸 卻長不出雌花

對策

讓藤蔓跟腋芽延伸出去來消耗過多的養分

很明顯的，是肥料過多讓藤蔓變得癡呆。治療藤蔓癡呆的方法之一，是把一部分的根部切斷（49頁），但比較令人推薦的，是讓藤蔓跟腋芽大量的延伸出去，把吸收的養分給消耗掉。否則都只會開出雄花，看不到雌花的身影。

持續長出來的腋芽，請把前端約15公分的地方全部剪掉。這些嫩芽柔軟又美味，建議炸成天婦羅來享用。

西瓜的藤蔓如果變得癡呆，也能採用跟南瓜一樣的對策。腋芽帶有西瓜的香甜，一樣可以炸成美味的天婦羅。

關於施加肥料的方式，要考慮到南瓜根部會持續擴散出去的性質，就算使用的份量相同，均等的撒在廣大的面積上會比較理想。撒在同一個地點上，會讓得到這份營養的藤蔓急速成長而變得太過茂密，請多加注意。

南瓜的雌花。基部小小的球體成長之後，會就變成果實。

出現這種症狀嗎!

南瓜的尾端腐爛 還長出霉菌……

對策

在南瓜的果實下方鋪上「坐墊」

原因應該是在果實還小、表皮柔嫩的時候有受傷，結果從這個部位開始腐爛，進而讓霉菌繁殖。

避免讓南瓜的果實，直接跟濕潤的土壤接觸，可以防止這種問題發生。請在南瓜果實的下方鋪上「坐墊」。

用比較厚的厚度，將乾枯的草或稻稈鋪在果實的下方，或是使用專門給西瓜或南瓜使用的塑膠墊片。日用品中心的園藝專區可以找到相關產品。

另外也可以在發泡聚苯乙烯（保麗龍）的食物托盤下方，用刀片割出排水孔來替代。

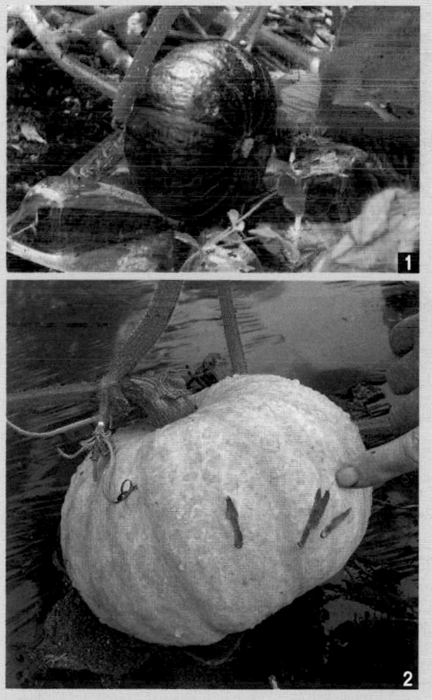

1 鋪上塑膠製的南瓜用坐墊，為南瓜提供保護。2 被烏鴉啄出來的傷口。要是在傷口癒合之前跟濕潤的土壤接觸，就會造成腐爛，請多加注意。

原產於中南美、墨西哥

葫蘆科

西葫蘆

種出美味蔬菜的秘訣

●西葫蘆生長的故鄉土地乾燥，不適應日本的梅雨季節。
●要製作較高的田畦、改善排水，以免根部腐爛。
●要確實種出美麗的果實，必須進行人工授粉。

基本的栽培時間表

3月	●種植的30天前開始製作幼苗。 ●如果選擇購買，要向種子行或花市預約。
4月	●種植的2個禮拜前，將田畦準備好。 ●根部擴散的範圍又寬又淺，基肥也要以同樣方式來施加。
5月	●把蔥的幼苗一起種下，可以預防黃葉病。也能降低黃守瓜蟲所造成的傷害。 ●種下去之後一段時間，蓋上保溫罩或燈籠外皮來當作防寒、防風的手段，發育狀況會比較好。
6月	●將稻稈或割下來的草鋪到田畦上，可以改善發育的狀況。
7月	●進行人工授粉，可以得到外觀良好的果實。採下雄花把花瓣摘掉，將花粉塗到雌花上面來進行授粉。要使用早期、剛開出來的雄花。 ●採收之後修剪下方的葉子。每採收10顆果實，就要施加追肥。
8月	●持續收成。 ●注意不可延誤採收果實的時機。沒幾天就會長得太過巨大。
9月	●要小心白粉病。 ●差不多到了撤除的時期。下一批農作物，建議選擇大白菜、青花菜等十字花科的蔬菜。土壤之中還留有肥料，基肥要稍微少一點。
10月	●如果在這個時期撤收，可供選擇的下一批農作物有洋蔥、豌豆、蠶豆等等。不用施肥就可以開始種植。也推薦小松菜、菠菜等小型的葉菜類植物。

種植

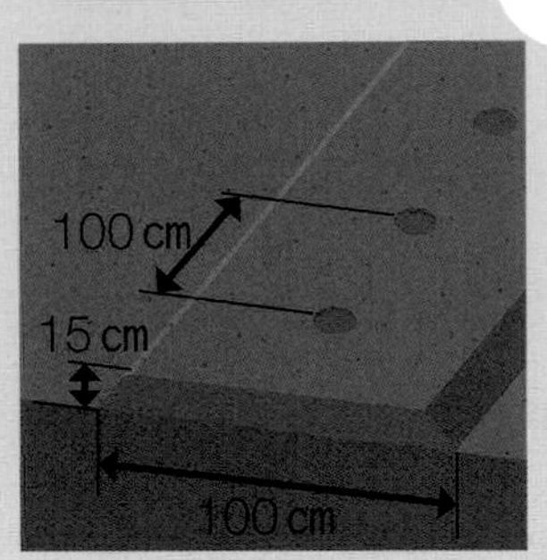

田畦的尺寸
寬100 cm × 高15 cm

種植方式
以100 cm的株距
種植1排的幼苗

共榮作物
蔥、九層塔

基肥

溫和性肥料：800cc／田畦1m
完熟肥：移株用灰匙3匙／田畦1m
薄薄的撒在整個田畦的表面，淺淺的混入土壤之中。

追肥

溫和性肥料：100cc／1株
第一顆花芽長出來時，薄薄的撒在葉子前端的周圍，用土輕輕的蓋上。每採收10顆果實時，就用同樣的方式施加100 cc的追肥。

照護與收成

照護：在清晨進行授粉作業，可以得到良好的果實。

收成：開花之後4～5天收成。每一次採收，就在果實下方保留2～3片葉子，修剪在這以下的老舊葉子來進行整理。

重點建議

如何撐過梅雨季節
西葫蘆最怕下雨。常常會在進入梅雨季節的時候培育失敗。可以利用穎殼或穎殼的燻炭（碳化稻殼），製作比較容易排水的土壤。地下水的水位如果比較高，則是增加田畦的高度。將稻稈或割下來的草鋪上也是相當有效的作法。比較有趣的方法是立起支柱、綁上塑膠雨傘，一邊遮雨一邊進行栽培，很意外的也會有效。

這樣就能解決！常見的問題與對策

出現這種症狀嗎！

才剛進入梅雨季節就迅速的枯萎

對策 蓋上草來防止土壤太濕預防根部腐爛

西葫蘆怕雨，遇到梅雨季節這種常常下雨的日子，根部很容易就會腐爛。提高田畦的高度、改善排水的狀況，會是最好的對策。

另外也得下功夫讓土壤不會因為下雨而變得太濕，比方說拿覆蓋用的膠膜或割下來的草將田畦蓋住。這樣同時也能抑制泥水飛散，防止農作物感染疾病。

鋪上覆蓋用的膠膜來防止田畦變得太濕，讓西葫蘆順利成長。小黃瓜、南瓜、西瓜、番茄等生長於乾燥地區的蔬菜若要順利成長，都需要排水狀況良好的環境。

出現這種症狀嗎！

果實的前端變細甚至是爛掉……

對策 在清晨進行人工授粉來確實的結果

西葫蘆的果實之所以會變形，原因是沒有確實的完成授粉。綻放的花朵變成棕色掉落，也是因為授粉沒有成功的關係。

就跟南瓜與西瓜一樣，西葫蘆的果實沒有授粉就不會長大。必須透過授粉來長出種子，由種子發出成長荷爾蒙，果實才會開始變大。

授粉若是不完全，有出現種子的部分會變大，沒有的部分維持不變。結果就是變形的果實。

想要確實完成授粉，必須種下比較多株的西葫蘆。最少3株，或是4株。數量太少，雄花跟雌花無法在同樣的時間綻放。種比較多株還可以吸引較多的昆蟲，讓授粉進行得更加順利。

另外一種對策，是以人工的方式授粉。這樣可以讓收穫變得更加確實。只要在清晨把雄花摘下，將花粉塗到雌蕊上面，授粉就可以完成。

下方是西葫蘆的雌花。如果要進行人工授粉，請盡量選擇清晨的時間，趁花朵還有精神的時候進行。

原產於非洲中部的沙漠地區

葫蘆科

西瓜

種出美味蔬菜的秘訣

●西瓜原產於非洲的沙漠地區，在炎熱的夏天發育特別的好。
●雨水較多的一年，要注意別讓根部腐爛。準備排水狀況良好的耕地。
●為了避免藤蔓癡呆，要將基肥薄薄的撒在廣大的面積上。

基本的栽培時間表

3月
●種植的30天前開始製作幼苗。
●如果選擇購買，要向種子行或花市預約。

4月
●種植的2個禮拜前，將田畦準備好。
●根部擴散的範圍又寬又淺，基肥也要以同樣方式來施加。

5月
●把蔥的幼苗一起種下，可以預防青枯病。也能降低黃守瓜蟲所造成的傷害。
●種下去之後一段時間，蓋上保溫罩或燈籠外皮來當作防寒、防風的手段，發育狀況會比較好。

6月
●將稻稈或割下來的草鋪到田畦上。
●在母蔓的第10節剪枝。在此施加第1次的追肥。把溫和性肥料薄薄的撒在藤蔓前端附近的地面，蓋上些許的土壤，或是用稻稈、割下來的草鋪上。

7月
●子蔓長到第30節的時候，施加第2次的追肥。跟第1次一樣，把溫和性肥料薄薄的撒在藤蔓前端附近。
●其中1條子蔓當作「遊手好閒的子蔓」，不長果實。其他每1條各長2顆果實，把其他的花全部摘掉。

8月
●計算開花之後的天數，來當作採收的基準。果實與藤蔓相連的部分會有捲曲的鬍鬚，當鬍鬚枯萎變成棕色，就代表可以採收。

9月
●若在比較早的時期結束收成，下一批農作物不論是大白菜、青花菜、白蘿蔔，全都來得及。

10月
●如果是在這個時期結束，下一批農作物可以選擇小松菜、菠菜、豌豆、蠶豆等等。洋蔥也值得推薦。

種植

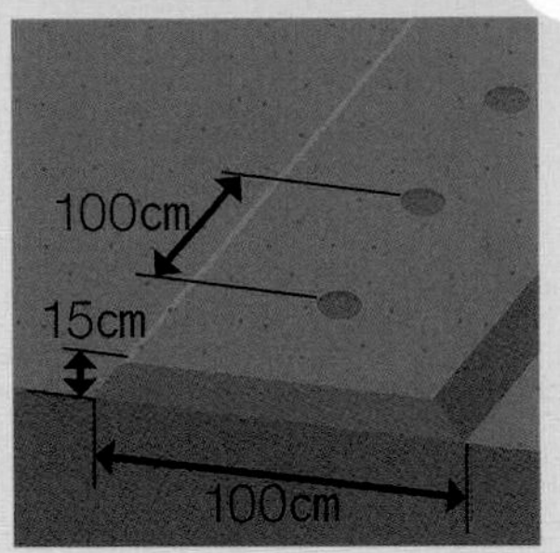

田畦的尺寸
寬100cm×高15cm
種植方式
以100cm的株距
種植1排的幼苗
共榮作物
蔥

基肥

溫和性肥料：800cc／田畦1m
完　熟　肥　：移株用灰匙1匙／田畦1m
薄薄的撒在整個田畦的表面，淺淺的混入土壤之中。

追肥

溫和性肥料：400cc／1株（2次都一樣）
第1次　當母蔓長到第10節，在藤蔓的前端以大面積薄薄的撒上。
第2次　當子蔓長到第30節，在藤蔓的前端以大面積薄薄的撒上。

照護與收成

照護： 建議在母蔓的第10節進行剪枝，讓4根強壯的腋芽延伸出去。整理出4條子蔓來培育。

收成： 小玉西瓜在開花之後的第35天左右，大西瓜（圓形）則是40～50天收成。

重點建議

建議跟蔥進行混植
西瓜、南瓜、小黃瓜等葫蘆科的蔬菜，跟蔥的幼苗一起種植，可以預防黃葉病等土壤性疾病。不適合進行連作的小黃瓜跟西瓜，也能跟蔥混植來防止連作所造成的問題。也建議在種完蔥類的耕地種植西瓜，有助於改善西瓜的發育狀況。

這樣就能解決！常見的問題與對策

出現這種症狀嗎!

長出許多果實可以就這樣栽培下去嗎？

對策

為了採收美味的西瓜請限制果實的數量

要是長出來的果實數量較多，以某種程度的限制果實數量，可以讓西瓜的味道更加甜美。

大西瓜的場合為1根藤蔓2顆，小玉西瓜則是這個數量的2倍。以此作為上限。

要向大家推薦的，是刻意讓1條藤蔓不結果實，當作「遊手好閒的子蔓」的栽培方式。這條不結果的藤蔓會專心的進行光合作用，為整株植物提供能量。

比方說大西瓜，讓4條藤蔓延伸出去，其中3條各長2顆果實，以總共6顆的收成為目標。剩下1條則是將果實全部摘除，當作遊手好閒的子蔓。

1 大西瓜要讓1根藤蔓長出2顆果實，以總共6顆的西瓜為目標。果實下方要鋪上坐墊。2 開花之後的40～50天，果柄附近彎曲的鬍子變成棕色就可以採收。

出現這種症狀嗎!

為了治療癡呆把藤蔓剪掉結果整株枯死……

對策

修剪藤蔓的時候請分批進行

跟南瓜一樣（50頁），把藤蔓前端或腋芽剪掉，可以治療藤蔓癡呆。但請不要因為太過茂密，就全部一次剪乾淨，要分成幾個梯次來整理。

修剪3分之1左右，等傷害差不多回復，再來整理接下來的3分之1。用這種感覺來進行作業。

番薯在把藤蔓翻過來的時候，也會將田畦分成左右兩邊，以1週為間隔來分批作業。修剪藤蔓也是一樣。

出現這種症狀嗎!

葉子出現灰色的病變而且還有開孔

對策

炭疽病會傳染要將葉子處分掉

炭疽病除了會讓葉子出現開孔與暗褐色的病變，還會傳染到果實身上，讓表皮凹陷並形成孔洞。

大多發生在梅雨季節等濕氣較多的時期，而且會持續擴散。出現病變的葉子要從基部摘除，裝到塑膠袋內捨棄。摘除的時候動作要輕，以免孢子飛散。

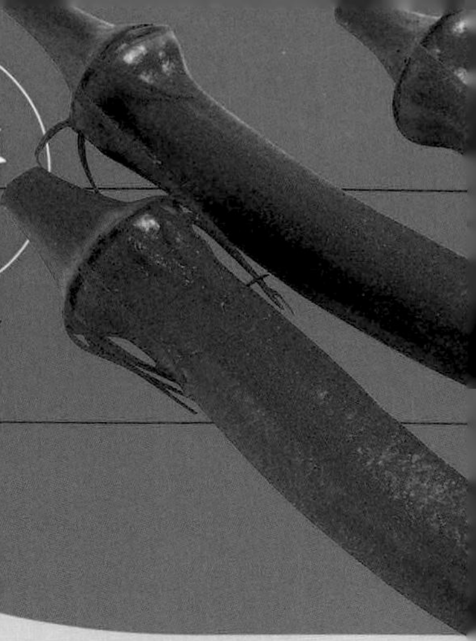

原產於非洲東北部　錦葵科

秋葵

種出美味蔬菜的秘訣

- 發芽的溫度較高，要等到5月以後再來播種。
- 氣溫上升之後會迅速成長，在那之前要經常將周圍的草割下。
- 持續施加追肥，可以長期性的採收美味的果實。

基本的栽培時間表

4月	●播種的2個禮拜前，將田畦準備好。
5月	●發芽的溫度較高，等到5月中旬再來播種。 ●每一處撒上3顆種子，不用篩選幼苗，就這樣進行培育。 ●將種子泡在水中一個晚上，可以順利的發芽。 ●播種之後，蓋上保溫罩或架起隧道棚來進行保溫。
6月	●要常常的除草。
7月	●開始收成。要趁幼嫩的時候將果實剪下來，否則會太老沒辦法食用。果實會一顆接一顆的長出來，採收的次數也較為頻繁。 ●每次採收，順便剪掉下方的葉子來改善通風。
8月	●持續收成。 ●每採收10顆左右的果實，就要施加追肥。
9月	●持續收成。施加追肥之後，比較容易出現蚜蟲，要仔細觀察來採取必要的對策。
10月	●可以持續收成到結霜為止，找個適當的時機拔除並打掃乾淨。下一批農作物，就算選擇洋蔥或葉菜類也還來得及。
11月	●建議不要將苗株拔除，在枝幹的基部種下豌豆或蠶豆。明年春天可以將秋葵的枝幹當作支柱使用。

種植

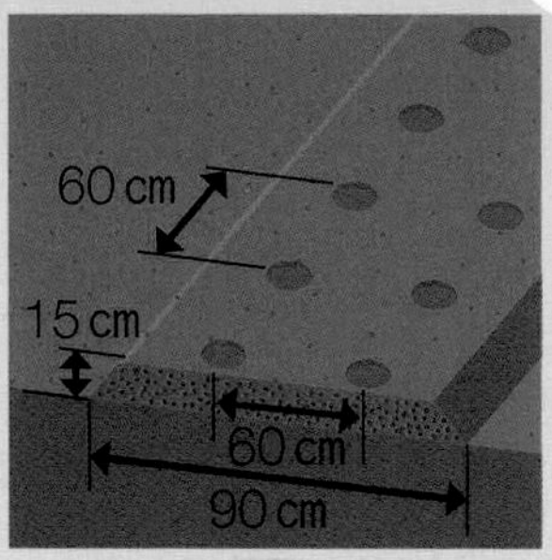

田畦的尺寸
寬90cm×高15cm

種植方式
株距60cm、
行距60cm的點播
※每一處撒下3顆種子

基肥

溫和性肥料：100cc／1處
在播種的場所，跟半徑10cm×深5cm的土壤混合。

完熟肥：不需要

追肥

溫和性肥料：50cc／1處
每採收10顆果實，就在主枝幹基部的半徑10cm以環狀撒上，跟土壤稍微的混合。

照護與收成

照護：每次收成的時候，將下方的葉子摘除來改善通風。

收成：開花之後3～4天收成。每一次收成，都要把葉子從根部剪掉。

重點建議

播種以後，利用保溫來促進發芽
將秋葵的種子泡在水中一個晚上再來播種，可以讓發芽進行的比較順利。適合發芽的溫度是比較高的25～30℃，播種之後可以蓋上保溫罩或不織布的隧道棚來進行保溫。以保溫狀態培育一段時間，可以促進發育初期的成長狀況，是值得推薦的方法。

出現這種症狀嗎！

秋葵的果實變硬 纖維也老到咬不斷

秋葵在青嫩的時候柔嫩甜美，但是會迅速的成長，開花之後的第4天左右就要收成。

關於長度，截面為五角形的秋葵最多長到8cm、圓形的秋葵在12cm左右就要採收。要是比這更大，風味就會變差。甜味變得越來越少，苦澀的部分越來越多。

對策 提醒自己盡快採收果實

秋葵是不用人去照料的蔬菜。不論是害蟲還是疾病，都不用太感到在意。

會有人覺得，難得長出果實，等大顆一點再來享用。但這種方式只會讓纖維變硬，並不推薦。

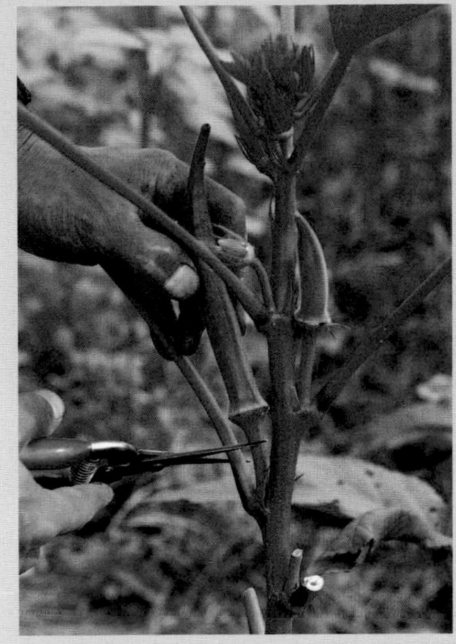

秋葵在開花之後的第4天左右收成，最是美味。採收果實的時候，順便把下方的葉子也剪掉。

對策 以密集的方式來培育

密集性的栽種，是讓秋葵的果實維持柔嫩的技巧之一。每一處種下3株來一起栽培，長出複數的幼苗也不用進行淘汰。

以密集的方式種植秋葵，可以抑制成長，降低樹的高度。果實的成長也會變得比較緩慢，就算開花之後經過10天再來採收，一樣是柔嫩又美味。

另外，每當採收1根秋葵，就請將下方的葉子剪掉。這樣可以持續的開出花朵、長出許許多多的果實。

以密集的方式栽種秋葵，可以抑制成長的高度，採收的作業也會比較輕鬆。

用米糠當作追肥，可以讓味道變好

採收秋葵之後，請捏一小把米糠撒在主枝幹的基部。

這樣可以種出非常美味的秋葵。但不可以撒太多，會引來蚜蟲。

將米糠薄薄的撒在基部，幾乎看不出來的份量即可。

原產於南美安地斯山脈的山腳

禾本科

玉米

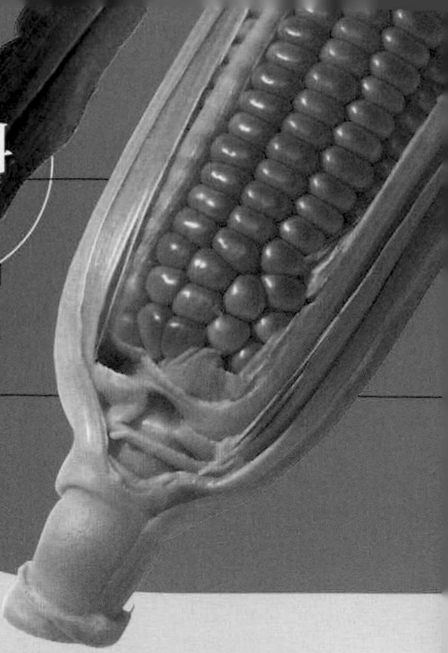

種出美味蔬菜的秘訣

●原產地為南美安地斯山脈的山腳，討厭過濕、乾燥的環境。
●肥料過多會引來害蟲，不可一次全部施加。
●一定要以2排來種植。

基本的栽培時間表

3月	●利用播種前的時間，可以種植小松菜或日本蕪菁等栽培時間較短的葉菜類。
4月	●播種的2個禮拜前，將田畦準備好。
5月	●每一處撒下3顆種子。為了讓授粉順利完成，一定要用2排來種植。發芽之後進行篩選，只留下1株。 ●在周圍種上毛豆，可以讓亞洲玉米螟不敢靠近，損害也跟著降低。
6月	●開出雄花的時候，亞洲玉米螟會在夜晚飛來產卵。幼蟲會鑽到雌穗內部來啃蝕玉米。 ●仔細觀察，找到卵的話一定要捏掉。剛孵化的幼蟲會啃蝕葉子背面，一樣要找出來驅逐。
7月	●會長出2～3根雌穗，留下最上面那根，把下面的雌穗淘汰掉。摘掉的雌穗可以當作玉米筍來享用。 ●在田畦周圍拉出幾條釣線，防止鳥類所造成的損害。
8月	●當雌穗長出來的鬍鬚變成棕色，可以用手壓看看，要是果實飽滿就可以開始收成。 ●採收之後迅速用開水煮過，馬上就拿來享用。要是沒有煮過而放置一段時間，味道就會越來越差。
9月	●收成結束之後，拔除並打掃乾淨。 ●下一批農作物建議選擇白蘿蔔，種出來的外表會相當漂亮。
10月	●如果是在這個時期撤收，下一批農作物選擇蠶豆、豌豆、洋蔥都還來得及。菠菜也值得推薦。

種植

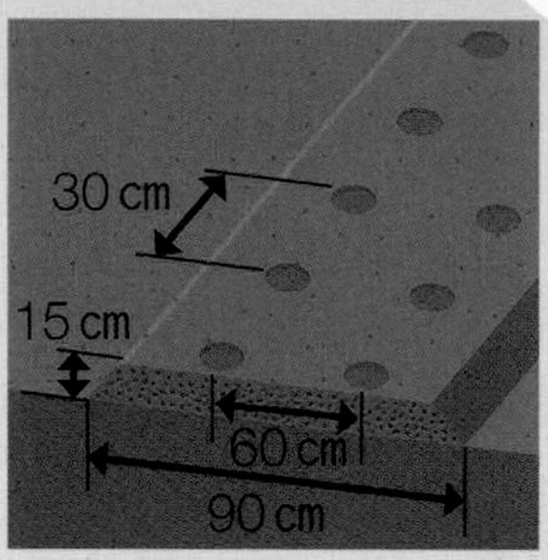

田畦的尺寸
寬90cm×高15cm

種植方式
株距30cm、
行距60cm的點播
※每一處撒下2～3顆種子

共榮作物
毛豆、香芹

※不可同時種植不同品種的玉米

基肥

溫和性肥料：300cc／1株
完熟肥：移株用灰匙1匙／1株
順著播種的位置，跟寬40cm×深10cm的土壤混合

追肥

溫和性肥料：100cc／1株
等第3片葉子完全伸展出去之後，薄薄的撒在主枝幹基部20cm的周圍，跟土壤稍微的混合。

照護與收成

照護：把下方長出來的雌穗摘除，1株1顆果實，讓養分集中。

收成：播種之後90天，雌穗的鬍鬚變成棕色就可以收成。

重點建議

先將水煮開再來收成 !?
用滾水將早上剛採下來的玉米煮熟，是最美味的吃法。玉米在收成之後，風味會隨著時間消散，曾有人建議「要先將水煮開再來收成」。雖然是跟時間賽跑，但也只有家庭菜園，才能享受剛採下來的玉米所擁有的最佳風味。煮的時候留下2～3片薄薄的外皮，可以鎖住鮮甜。放到滾水之中煮個5分鐘即可。

出現這種症狀嗎！

玉米的顆粒不整齊甚至還有短缺……

對策

晚個10天追加播種來培育授粉用的玉米

原因是沒有確實的完成授粉。玉米擁有「雄性先熟」這種性質，雄花會比雌花提早成熟讓花粉飛散，雌花在10天之後才會進入可以授粉的狀態。像家庭菜園這種大約20根左右的規模，要是花粉一口氣飛散，之後就只能用殘留下來的花粉來進行授粉。所以才會出現顆粒沒有長齊的玉米。

這個問題的對策，是種2～3根專門用來授粉的玉米。請在播種之後的第10天，把追加的種子種下去。可以用分散的方式種到田畦上面。

種植的玉米如果數量較少，授粉會不完全，顆粒沒有長齊的玉米也會變多。

出現這種症狀嗎！

被亞洲玉米螟的幼蟲亂咬一通

對策

將雄花剪枝，跟毛豆混植可以讓亞洲玉米螟遠離

亞洲玉米螟會在雄花的引誘之下飛來產卵。將玉米頂端開出來的雄花剪掉，可以降低亞洲玉米螟所造成的傷害。但這種對策的前提，是晚了10天種下的授粉用的玉米可以如期成長。不然到時將無法授粉，也沒有果實可以收成。

另外，在玉米的田畦旁邊種下毛豆，可以降低亞洲玉米螟所造成的傷害。毛豆同時也能減少綠椿象的數量。

1 被亞洲玉米螟的幼蟲啃蝕過的玉米。它們會鑽到莖跟雌穗的內部，是玉米的頭號敵人。2 在玉米田畦的旁邊種上毛豆，可以讓亞洲玉米螟不想靠近，損害也會跟著降低。

3 開在頂端的是玉米的雄花。
4 用剪刀把雄花剪掉之後的樣子，可以降低亞洲玉米螟所造成的傷害。前提是一定要確保充足的授粉用玉米。

原產於中國　豆科

毛豆

種出美味蔬菜的秘訣

- 不可施肥過量。肥沃的土地只要將土翻鬆，沒有基肥也能順利成長。
- 開花的時期水分不足，是致命性的問題，將很難長出果實。
- 將割下來的草或稻稈鋪上，可以防止土壤變得太過乾燥。

基本的栽培時間表

3月	●購買種子的時候必須注意品種。如果要在4～5月播種，請購買早生種。晚生種要等到6月以後才播種，可以在晚秋當作大豆來收成。
4月	●播種的2個禮拜前，將田畦準備好。 ●將種子（早生種）種下。要是在早期發育不良，根部將無法形成根瘤菌，要施加一點點的溫和性肥料。每一處撒下2～3顆種子。
5月	●發芽之後進行篩選，留下2根嫩芽，以此來進行培育。
6月	●開花的時期必須澆水。最後一朵花開了之後，上方的葉子可以剪掉。讓養分集中在果實上面，採收到的毛豆也更加美味。 ●將種子（晚生種）種下。
7月	●採收春天種下的毛豆。整株拔起，把葉子摘下，直接將枝幹跟果實拿回家。 ●必須注意蚜蟲、日本豆金龜、綠椿象等害蟲。
8月	●種完毛豆之後，土壤會處於肥沃的狀態，接下來不論種什麼都可以得到良好的發育。建議選擇秋季馬鈴薯、青花菜、大白菜等等。
9月	●也可以選擇白蘿蔔來當作下一批農作物。
10月	●採收晚生種的毛豆。下一批農作物可以選擇小松菜、菠菜、洋蔥等等。要避免豆科的植物。 ●如果要當作大豆，請等到12月，豆芽變成棕色、發出乾枯的聲響之後再來採收。

種植

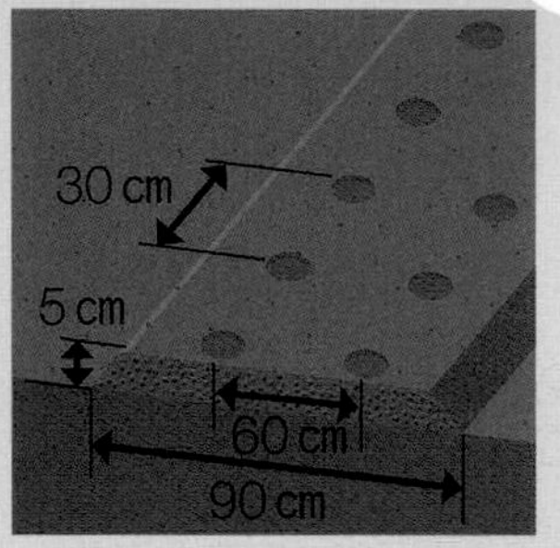

田畦的尺寸
寬90cm×高5cm

種植方式
株距30cm、
行距60cm的點播
※每一處撒下2～3顆種子

共榮作物
可以跟許多蔬菜混植
※不適合與蔥類搭配

基肥

溫和性肥料：用手指捏一小撮／1株
完熟肥：不需要
撒在播種的位置

追肥

溫和性肥料：不需要
將稻稈或割下來的草鋪上，可以改善發育的狀況

照護與收成

照護：發芽之後在開花之前把土推高。開花的時期如果沒有下雨，要主動澆水。

收成：豆莢發育到8分飽的時候，整株拔起來收成。

重點建議

挑選品種，在秋天也能享用高級的毛豆
夏天用來下酒的毛豆，早生種要在4月以後播種。把種下去的日期錯開，到時分批採收，這樣在很長一段時期都有毛豆可以享用。另外則是在6月將晚生種的毛豆種下。這樣在秋季的一開始，就能採收美味的毛豆。晚生種之中有丹波黑豆等高級品種存在，讓人可以在家中享受高級料理店的味道，從播種的那一刻開始，就壓抑不住期待的心情。

出現這種症狀嗎！

毛豆長出來的果實數量不多

對策

開花的時候不可以讓土壤乾燥

毛豆熱愛水分。開花的時候如果水分不足，長出來的果實數量會變少，必須多加注意。在炎熱的夏天，要主動幫它們澆水。把割下來的草確實鋪在主枝幹的基部，維持土壤的濕氣，可以預防果實數量變少的問題。肥料過多也會減少果實的數量。只有樹枝與樹葉變得茂密，陷入癡呆的症狀。這樣會讓大量的害蟲前來聚集，葉子被咬得破爛，栽培也到此結束。

出現這種症狀嗎！

有大量的綠椿象出現在毛豆上面

對策

將塔巴斯科溶液噴上讓綠椿象不敢靠近

綠椿象是吸取蔬菜汁液的害蟲。毛豆的情況，要是在開花結束長出豆莢的時期，被綠椿象吸取樹汁，豆莢會很容易掉落，收成也跟著泡湯。如果在這個時期出現大量的綠椿象而沒有採取對策，就只能放棄收成。另外，如果在豆子正要膨脹起來的時候被奪走汁液，則會讓豆子的味道變差。

值得推薦的對策，是自己製作的驅蟲劑。將塔巴斯科辣椒醬稀釋到10倍左右，然後用紗布過濾（90頁）。用噴霧器噴到出現有綠椿象的毛豆上面，綠椿象就會落荒而逃，一段時間不敢再靠近。要是綠椿象再次出現，則再噴一次將它們趕走。

1 出現在毛豆上面的大豆細緣象。要噴上塔巴斯科溶液來趕走。2 也建議跟辣椒進行混植。可以減少以綠椿象為首的蟲害。

長得太高太過茂密，就要剪枝

高過最後一朵花（第9片葉子）的葉子留下3片，比這更高的葉子全都剪掉。上方的葉子再怎麼茂盛也長不出果實，剪掉之後可以讓養分集中在果實上面，讓毛豆變得更加美味。

當毛豆的葉子生長到腰部的高度，就要進行剪枝。可以讓毛豆變得更加美味。

原產於亞洲西邊到中東與近東　豆科

蠶豆

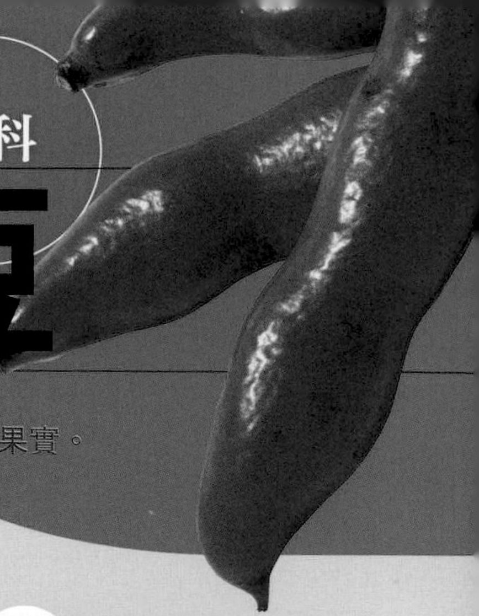

種出美味蔬菜的秘訣

- 在晚秋播種，以幼苗的狀態過冬，於夏天初期收成。
- 使用少量的基肥。過年之後施加2次追肥，可以得到美味的果實。
- 天氣變暖花朵盛開的時候，要格外注意蚜蟲。

基本的栽培時間表

10月	●播種的2個禮拜前，將田畦準備好。 ●有些栽種方式會施加大量的基肥，但是到了明年春天，蚜蟲的數量也會跟著提升。建議用比較少的肥料來進行培育。
11月	●每1處撒下1～2顆種子。將種子豎起、黑線的部分朝下，埋到剛好被土蓋住的深度。 ●在埋下種子的位置，不規則的撒上少量的溫和性肥料。複數的幼苗不用淘汰，就這樣進行培育。
12月	●把稻稈或割下來的草鋪上，當作防寒手段。也建議使用寒冷紗或不織布的隧道棚。
1月	●沒有特別需要執行的作業。
2月	●沒有特別需要執行的作業。
3月	●在3月初，施加第1次的追肥。
4月	●開出淡紫色的花朵。在此施加第2次的追肥。 ●要注意蚜蟲、日本豆金龜、綠椿象。 ●為了防止農作物倒在地上，可以在田畦的四個角落插上柱子，拉起繩子來圍住。
5月	●要是頂端的嫩芽出現蚜蟲，必須摘掉來進行處分。 ●當豆莢鼓起的時候，原本朝上的豆莢會開始下垂。豆莢側面的線變黑的時候，就可以開始收成。 ●下一批農作物，建議選擇秋葵。

種植

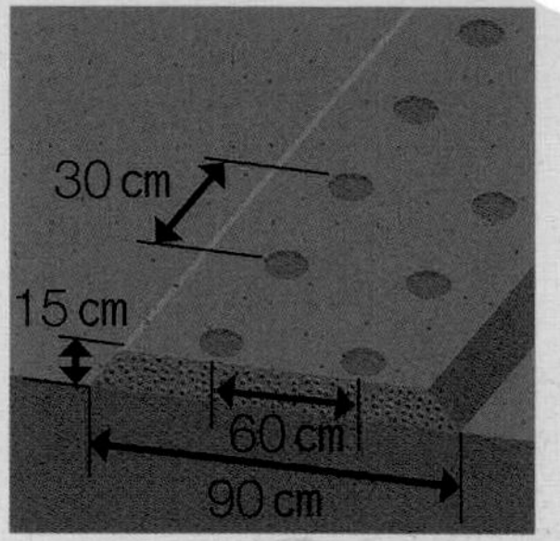

田畦的尺寸
寬90 cm × 高15 cm

種植方式
株距30 cm、
行距60 cm的點播
※每一處撒下1～2顆種子

基肥

溫和性肥料：2分之1大匙／1株
完　熟　肥　：不需要

將半徑5 cm × 深5 cm的土翻鬆，種子埋進去之後，撒上溫和性肥料。

追肥

溫和性肥料：1大匙／1株

第1次　在3月初，施加在苗株的周圍。
第2次　花朵開始綻放的時候，施加在苗株的周圍。

照護與收成

照護： 冬天時，鋪上稻稈或落葉來當作防寒對策。天氣回暖時，必須要有驅逐蚜蟲的對策。

收成： 豆莢充分的鼓起，原本朝上的豆莢往下垂的時候，就可以採收。

重點建議

必須採取蚜蟲的對策

氣溫回暖的時候，蠶豆開始會出現蚜蟲。數量如果不多，可以用手拍掉來處理。要是有動力式的噴霧器，也能用水把蚜蟲沖掉。另外也建議用噴霧器將塔巴斯科溶液（90頁）噴上，一樣可以有效驅逐蚜蟲。放置不管的話，蚜蟲數量會在轉眼之間增加，密密麻麻的讓新芽變成黑色。重點是在早期展開對策。

出現這種症狀嗎！

剛長大的幼苗無法渡過冬天而在期間枯萎

對策

長大的苗株害怕低溫 要遵守適合播種的時期

蠶豆適合播種的時期，是在10月～11月中旬。要在結霜之前完成播種的作業。

蠶豆的幼苗對寒冷有很強的抵抗力，小小一株卻可以渡過寒冬。

可是如果太早播種，幼苗會在過年之前長大，失去抵抗低溫的能力。播種的時候請不要著急，遵守適當的時機來作業。

出現這種症狀嗎！

把豆莢剝開果實的數量不一……

對策

養分不足讓授粉沒有確實 要在開花之前施加追肥

蠶豆的豆莢內部豆子數量不定，是因為授粉沒有順利的完成。原因基本上來自於養分不足。

或許是期待豆類所擁有的固氮作用，可以為自己提供肥料，常常會不知不覺的減少施肥，讓它們沒有得到充分的養分。

就蠶豆來看，磷酸會比較欠缺。在花朵開始綻放之前，施加混入米糠的溫和性肥料，應該就可以採收到良好的果實。

出現這種症狀嗎！

新芽跟果實爬滿蚜蟲整個變得黏黏的

對策

要下功夫讓蚜蟲無法靠近

蠶豆最容易出現蚜蟲的部位，是頂端的新芽。最後一條豆莢以上，留下3～4片葉子，其餘的枝葉連同頂端整個剪掉，就可以降低蚜蟲所造成的損害。要是新芽已經出現蚜蟲，則要埋到土中或是燒掉來進行處理。

對付蚜蟲最重要的一點，是不要讓蚜蟲逼近。每到蚜蟲飛來的季節，注意主風向（盛行風）的方向，在上風處種植燕麥、黑麥、小麥來形成一道牆，就可以將飛來的蚜蟲擋在這裡。

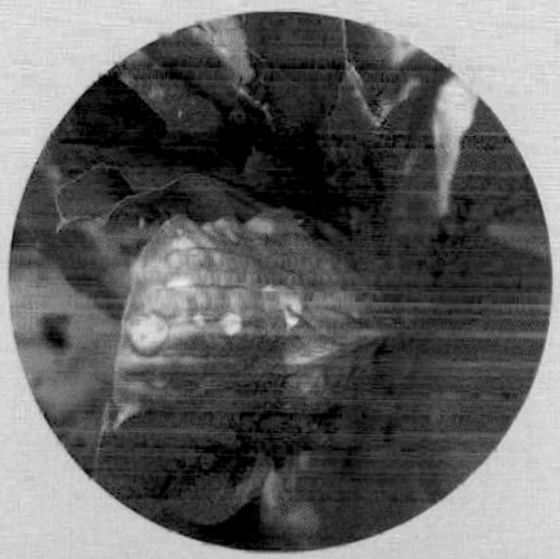

每當氣溫回暖，蠶豆的新芽就會出現蚜蟲。施加大量的肥料會增加害蟲的風險，請多加小心。

為了降低蚜蟲所造成的傷害，必須將頂端剪掉。在蚜蟲數量增加之前進行剪枝，會非常的有效。

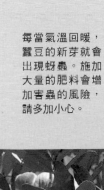

原產於中南美的沙漠地區 旋花科

番薯

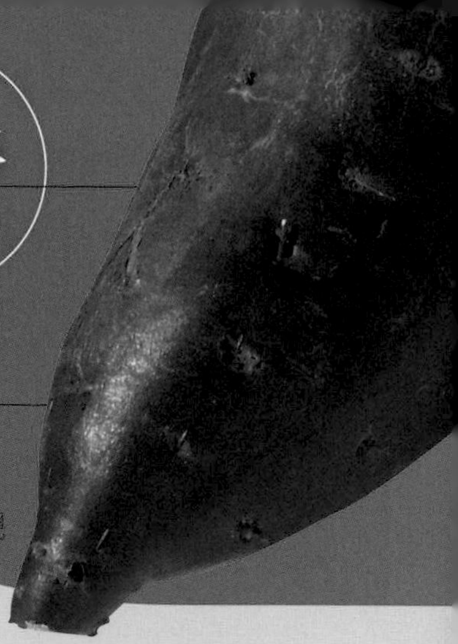

種出美味蔬菜的秘訣

- ●適應炎熱的氣溫與乾燥的環境，是很容易種植的蔬菜。
- ●要是耕地肥料較多，會只顧著讓藤蔓延伸，長不出肥美的根部。
- ●到了盂蘭盆節的時期，要將藤蔓翻面，可以讓番薯變得更加肥美。

基本的栽培時間表

3月	●番薯若是遇到肥料較多的耕地，藤蔓會變得癡呆，無法得到肥美的根部。如果上一批農作物是萵苣或高麗菜等會留下較多肥料的蔬菜，可以先在這個時期，用不施肥的方式種植菠菜，把肥料消耗掉。
4月	●種植的2個禮拜前，將田畦準備好。
5月	●購買番薯的幼苗。幼苗會使用帶有幾片葉子的番薯藤。 ●等到5月中旬，地面溫度回升之後再來種下，成長會比較順利。
6月	●用插秧的要領，將番薯藤種下。以斜躺的感覺，將藤蔓埋到土中。葉子要留在地面上。 ●種好之後，把割下來的草鋪在田畦上面。要經常的除草。
7月	●到了盂蘭盆節的時期，將藤蔓翻面。這項作業是為了將藤蔓到處延伸的根部切斷。 ●將藤蔓翻面之後，在主枝幹的基部施加追肥。
8月	●等葉子顏色變深之後進行試挖，沒問題的話即可收成。可以用種下去之後約3個月的時間，來當作收成的基準。 ●用鐮刀將藤蔓割掉，用鏟子或鋤頭將番薯挖出來收成。
9月	●種完番薯的下批農作物，建議選擇大白菜或高麗菜。確實的施加基肥，再來將幼苗種下。
10月	●也建議選擇洋蔥，來當作下一批農作物。番薯是可以連作的農作物，持續種植，可以採收到良好的番薯。洋蔥一樣是可以連作的農作物，可以跟番薯搭配來輪流種植。

種植

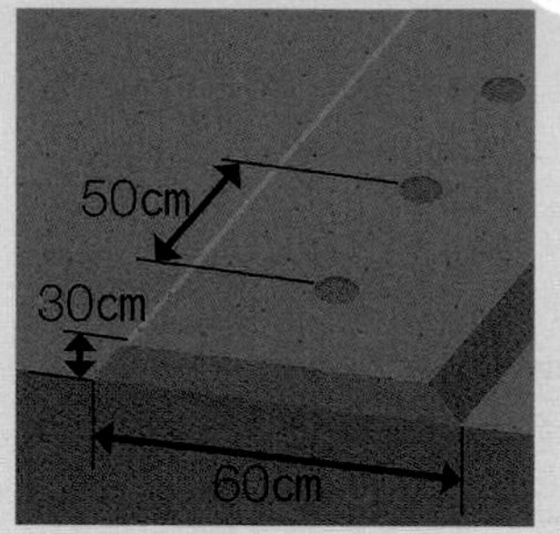

田畦的尺寸
寬60 cm × 高30 cm

種植方式
以50 cm的株距
種植1排的藤蔓

共榮作物
毛豆、青椒

基肥

溫和性肥料：60cc／1株

完 熟 肥 ：移株用灰匙1匙／1株

跟種植場所的半徑20 cm × 深10 cm的土壤混合

追肥

溫和性肥料：40cc／1株

草 木 灰 ：⅓大匙／1株

將藤蔓翻面之後，撒在苗株基部半徑10 cm的周圍。

照護與收成

照護：大約在盂蘭盆節（農曆7月13）的時期，將藤蔓翻面。

收成：葉子顏色變深之後試挖看看，沒問題的話即可採收。

重點建議

跟青椒、毛豆進行混植

番薯的藤蔓會長得相當長，需要較為寬廣的面積。空間有限的家庭菜園要不要種植，是個讓人猶豫的問題。此時要向大家推薦的，是用比較高的蔬菜來跟番薯進行混植。把番薯苗種在青椒之間，以立體性的方式活用菜園的空間，沒有任何浪費。也建議用毛豆搭配番薯的混植計劃。

出現這種症狀嗎！

很快長出茂密的葉子 但試挖出來的番薯卻很小……

對策 將腋芽不斷的剪掉來消耗養分

遇到肥料過多的耕地，番薯會讓地表的部分長得越來越茂盛，但地底下的根部卻一點也不會長大。這是一般所謂的藤蔓癡呆的症狀。

一旦進入這種狀況，就只能想辦法讓讓番薯消耗養分。方法之一，是將藤蔓持續長出來的腋芽全部摘除。一冒出來就立刻剪掉，反覆執行到盂蘭盆節為止。盡可能的消耗養分。

剪下來的腋芽味道鮮美，可以拿來享用。放到熱水煮過將澀味去除，製作成涼拌的小菜。炸成天婦羅也很美味。

到了盂蘭盆節的時期，番薯會在地下變得越來越是肥美。此時要把藤蔓翻面。將攀爬在地上的藤蔓翻過來，把延伸到各處的根部切斷。這是為了讓養分集中，讓番薯變得更加美味。

要是沒有把藤蔓途中長出來的根部切掉，養分會分散到這些部位，讓藤蔓更進一步的延伸出去。結果營養都沒有累積到最重要的番薯上面。

藤蔓翻面的作業，首先要在田畦的其中一邊進行，1個禮拜之後再換另外一邊。分成2次，是為了減少番薯所受到的刺激。

追肥可以使用草木灰

將藤蔓翻面之後，要施加溫和性肥料跟草木灰。草木灰可以為番薯補充根菜類合成澱粉所需要的鉀。撒上一把草木灰，到時就能採收到美味的番薯。

草木灰這種有機肥料含有豐富的鉀。

1將爬到通路的藤蔓拿起來，往田畦那邊翻過去。到下一個禮拜，再將另外一邊的藤蔓翻過來。以上就是將藤蔓翻面的作業。
2跟地面接觸的藤蔓，會長出新的根部。要把藤蔓翻過來，將這些根部切除。

原產於中南美　茄科

馬鈴薯

種出美味蔬菜的秘訣

- 喜好涼爽氣候的蔬菜。溫暖的地區要避開夏天，選擇春季與秋季來栽培。
- 配合馬鈴薯長肥的時期，追加草木灰來補充鉀。
- 用割下來的草進行覆蓋，可以長出品質良好的馬鈴薯。

基本的栽培時間表

3月	●要避免在高麗菜之後種植。 ●挖出深度10㎝的孔，將薯種埋下去。 ●種植用的薯種，可以切成40g左右的大小。切割的時候讓每一片都留有嫩芽，放在陰暗處等乾了之後再來種下。
4月	●用割下來的草將周圍蓋住。割下來的草到時會被分解，成為鉀的來源，讓馬鈴薯順利的成長。
5月	●長出來的新芽要不要淘汰，可以自己決定。如果要摘除，注意不要連地下的薯種都拔起來。摘的時候用手按住周圍的土壤，留下2～3根嫩芽來培育。 ●莖幹長到30㎝之後，要施加追肥，並將基部的土堆高。
6月	●葉子變成黃色之後，挖出來收成。
7月	●準備田畦來種植秋季的馬鈴薯。
8月	●秋季的馬鈴薯，種的時候如果將薯種切割，可能會因為高溫與濕氣而腐爛。要整顆完整的種下。選擇小顆的薯種，會比較符合經濟效益。 ●把割下來的草鋪在周圍。
9月	●要不要摘芽都可以。 ●把基部的土壤堆高、施加追肥等等，作業流程與春季相同。
10月	●在結霜之前挖出來收成。 ●下一批農作物，建議選擇小松菜或菠菜。 ●種完馬鈴薯之後不適合種植豌豆，會讓發育狀況變差，可以的話最好避免。

種植

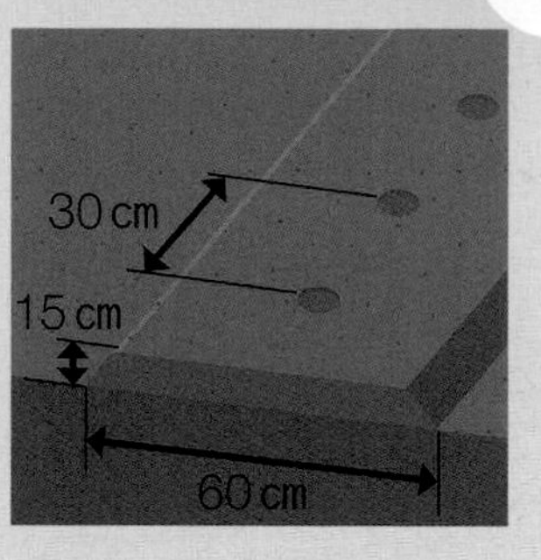

田畦的尺寸
寬60㎝×高15㎝

種植方式
以30㎝的株距種植1排
用10㎝左右的深度
將薯種埋下

共榮作物
毛豆、蔥

基肥

溫和性肥料：**50cc／1株**
完熟肥：**移株用灰匙⅓匙／1株**
跟種植場所的半徑20㎝×深10㎝的土壤混合

追肥

溫和性肥料：**50cc／1株**
草木灰：**¼大匙／1株**
當莖幹長到30㎝的時候，撒在苗株周圍，並將土堆高。

照護與收成

照護：把草鋪到田畦上面。當馬鈴薯的芽長到30㎝時，把土堆到基部，可以種出良好的馬鈴薯。

收成：葉子開始變黃、枯萎的時候就要挖出來。

重點建議

要不要摘芽都可以

把多餘的新芽摘掉，可以得到尺寸較為統一的馬鈴薯。沒有摘芽的話收成數量較多，但尺寸不一。馬鈴薯的重點，在於有沒有確實將土堆高。成功培育的關鍵，是讓馬鈴薯在土中有充分的空間成長。不論小顆還是大顆，馬鈴薯都一樣的美味，因此長出來的新芽要不要淘汰，屬於個人的喜好。

這樣就能解決！常見的問題與對策

出現這種症狀嗎！

馬鈴薯的表皮變成綠色

對策

確實將土堆高 別讓馬鈴薯露出來

莖幹長到30cm高的時候，馬鈴薯會開始變胖。在這個時候施加追肥，並且將土堆高，是培育馬鈴薯的重點之一。

把溫和性肥料跟草木灰撒在周圍，並將土推過去，堆高約5cm左右。

馬鈴薯之所以變成綠色，是因為沒有將土堆好。曬到太陽光會讓馬鈴薯變綠。因此要確實的將土堆上，以免馬鈴薯在地面露出來。請觀察莖幹生長的高度，適時的將土堆高。

只要確實的將土堆高，就能種出品質良好的馬鈴薯。莖幹長到30cm的時候，是馬鈴薯開始變胖的時期。要在此時將土堆高，順便施加追肥。

出現這種症狀嗎！

採收之後將馬鈴薯切開發現內部是中空

對策

下次請減少基肥的份量

內部出現中空的結構，是因為加了太多以氮為中心的肥料。

首先很重要的一點，是不要給予太多的肥料。請觀察葉子的顏色，來調整肥料的份量。跟長在周圍的雜草比較一下，如果差不多或是比較深濃的綠色，代表肥料恰到好處。下次種的時候減少基肥的份量，應該就可以解決。

出現這種症狀嗎！

秋天種的馬鈴薯沒有發芽在土中爛掉

對策

高溫容易造成腐爛 秋季的馬鈴薯要整顆種下

將秋季的馬鈴薯種下去的時候，地面溫度會比較高。如果跟春天一樣把薯種切開來使用，很容易就出現腐爛的現象。只有在春天，可以購買比較大顆的薯種來分割使用。秋天請購買尺寸跟乒乓球差不多的薯種，一顆顆完整的種下去。埋下去時，請讓薯種大幅凹陷的那面朝上。這樣可以減少發芽的數量，不用摘芽就長出漂亮又大顆的馬鈴薯。

原產於印度　天南星科

芋頭

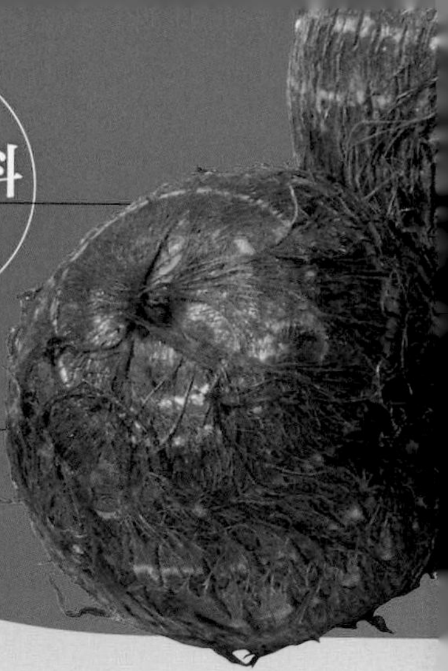

種出美味蔬菜的秘訣

- 芋頭生長於氣溫較高且多雨的熱帶地區。
- 不適應乾燥的環境，沒有雨的夏天把割下來的草鋪上，會是有效的對策。
- 以較為頻繁的次數，施加少量的追肥，可以在秋天得到豐厚的收成。

基本的栽培時間表

4月	●種植的2個禮拜前，將田畦準備好。用大面積把溫和性肥料跟完熟肥混入10cm的深度。 ●芋頭喜愛水分，如果是排水較好的耕地，可以準備較低的田畦。
5月	●芋苗發芽的那邊朝上。種植的深度，為芋苗長度的2倍。
6月	●種下去大約1個月後，就會開始發芽。 ●每長出1片葉子，就將50cc的溫和性肥料薄薄的撒在苗株周圍。長到4片葉子的時候，除了撒上溫和性肥料，還要將土堆高。
7月	●堆土要進行3～4次，最後形成20～30cm的高度。
8月	●在盂蘭盆節的時期，進行最後一次追肥跟堆土。除了施加50cc的溫和性肥料之外，還要撒上1／4大匙的草木灰，然後將土堆高。此時剛好是芋頭開始變胖的時期，要用草木灰來補充鉀。
9月	●在這個時期挖出來的小芋頭也很美味。
10月	●開始結霜的時候，葉子就會跟著枯萎。芋頭的成長到此為止，開始進行收成。地面的部分拿鐮刀割掉，用鏟子或鋤頭將芋頭挖出來。
11月	●種完芋頭的下一批農作物，就算選擇蠶豆或豌豆也還來得及。菠菜或小松菜也值得推薦。

種植

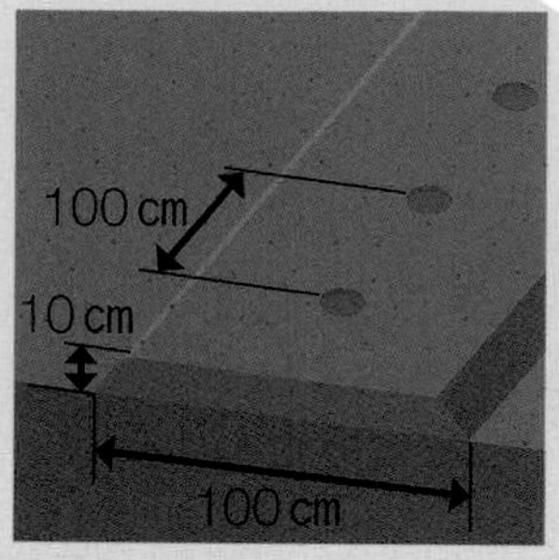

田畦的尺寸

寬100cm × 高10cm

種植方式

以100cm的株距種植1排

埋到土中的深度

是芋苗長度的2倍

共榮作物

薑、毛豆

基肥

溫和性肥料：50cc／1株

完熟肥：移株用灰匙1匙／1株

跟種植場所的半徑50cm × 深10cm的土壤混合

追肥

溫和性肥料：50cc／1株

每一次長出葉子，就薄薄的撒在苗株周圍，並且把土堆高。在盂蘭盆節（農曆7月13）的時候，進行最後一次追肥與堆土。此時要撒上¼大匙的草木灰。

照護與收成

照護：把割下來的草鋪在苗株基部，可以改善發育。

收成：葉子開始枯萎的時候，就要挖出來採收。

重點建議

把割下來的草鋪到芋頭的田畦上面來防止乾燥

芋頭是熱愛水分的蔬菜，種在濕氣較多的土壤會發育的比較好。夏天等等乾燥的時期會讓發育變差，大太陽的日子要主動幫它們澆水。用10cm的厚度，將割下來的草鋪在芋頭的田畦上面，可以防止土壤乾燥，就算雨水較少也能長出良好的芋頭。請務必嘗試看看。

出現這種症狀嗎！

芋頭的葉子一直長不大

對策

水分不足。請將割下來的草鋪上來防止土壤乾燥

葉子之所以長不大，是受到水分不足的影響。葉子如果太小，收成也會跟著變差。最好是用澆水，或是把割下來的草鋪在田畦上面，防止土壤變得太過乾燥。

芋頭需要相當多的養分，才能長出大片的葉子。我們可以用較多的次數來施加追肥，但減少每一次的份量。以免讓芋頭營養過剩。

施加追肥的要領，是每長出一片葉子，就將50cc左右的溫和性肥料，薄薄的撒在芋頭周圍。

芋頭熱愛水分。要是沒有下雨導致土壤乾燥，就要澆上大量的水。把割下來的草或蔬菜的殘渣鋪上去，也能防止土壤乾燥，在雨水較少的年度得到良好的收穫。

1 追肥以少量的方式分批給予。**2** 葉子長到4片之後，每次施加追肥，就要順便將土堆高。最後形成20～30cm的厚度。芋頭會在盂蘭盆節的時期開始變胖，最後一次的追肥除了溫和性肥料之外，還要施加草木灰來補充鉀。

將保存下來的母芋當作芋苗使用

一般會將子芋當作芋苗來使用，但如果是母芋（主球莖）不會拿來食用的品種，則建議將母芋保存下來當作芋苗。挖個洞讓母芋跟乾草或穎殼埋在一起存放。到了明年春天，試著將母芋倒過來種植，可以得到令人驚訝的收穫。

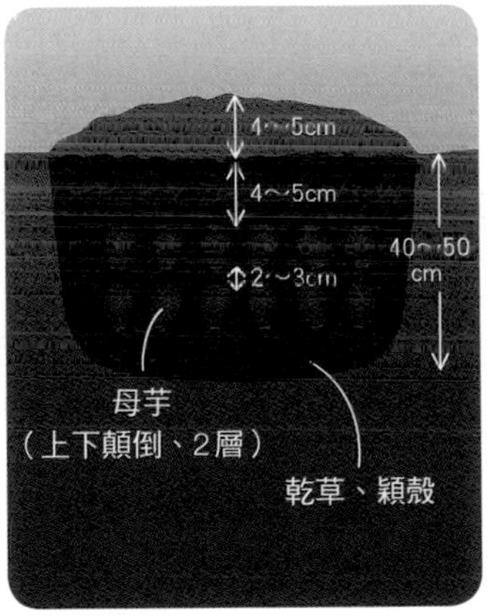

母芋的保存方式。可以在耕地的角落挖個洞，讓比較容易腐爛的切口朝下（也就是上下顛倒）來排在一起，跟乾草或穎殼一起埋在洞內。把土堆高將洞口蓋住，用防水布蓋上來防止雨水入侵。到了明年春天，就可以挖出來當作芋苗使用。

原產於亞洲中央、阿富汗周邊　藜亞科

菠菜

種出美味蔬菜的秘訣

- 喜好陰涼的氣候，在春天與秋天播種。
- 特別是秋天播種的方式。寒冷的氣溫會讓菠菜變得更為甘甜，值得令人推薦。
- 開始栽培的時候，要注意不可施加太多的基肥。

基本的栽培時間表

春季播種

3月	●種植的2個禮拜前，將田畦準備好。 ●菠菜討厭酸性的土壤，可以用100g／1㎡的比例來施加有機石灰。 ●播種。事先讓種子泡在水中一個晚上，可以讓發芽更加順利。
4月	●本葉*長到2片之後，進行第一次的淘汰。之後也是反覆摘除，最後將株距調整到10cm。 ●發育初期要常常除草。 ●必須注意蚜蟲、甘藍夜蛾等害蟲。
5月	●從長到15cm的個體開始，逐次進行收成。
6月	●下一批農作物，建議選擇秋葵或小黃瓜。

秋季播種

8月	●容易種植且味道較為甜美的，是秋季到冬季所栽培出來的菠菜。用完熟肥跟溫和性肥料準備田畦。如果在春天已經施加過有機石灰，則可以將有機石灰省略。
9月	●跟春天一樣進行播種。如果用寒冷紗或防蟲網架出隧道棚，可以在棚內長到收成為止，降低害蟲所造成的損害。 ●本葉長到2片的時候，開始將苗株淘汰。
10月	●反覆進行淘汰，把株距調整到10cm。看準時機來拔除，讓每一株之間的葉子不會重疊。 ●要是有空下來的田畦，可以追加新的種子。 ●從長到15cm的個體開始，逐次進行收成。
11月	●持續收成。氣溫越是寒冷，菠菜就越是甜美。 ●對後來種下的菠菜進行淘汰。收成會從12月持續到明年1月。

種植

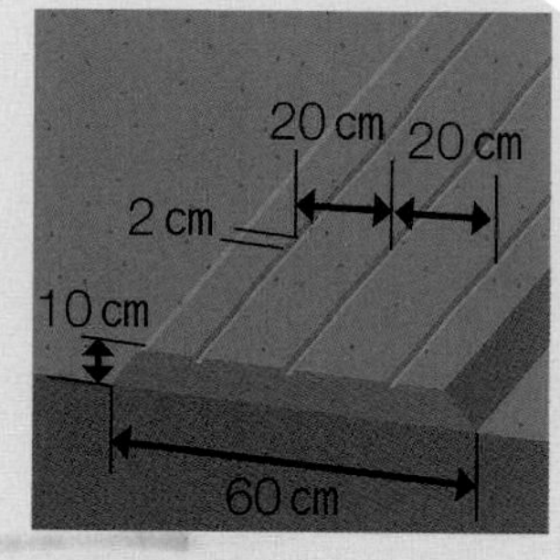

田畦的尺寸
寬60cm×高10cm

種植方式
以20cm的行距種植3排
條播時以2cm的間隔撒下種子

共榮作物
茄子、蔥

基肥

溫和性肥料：400cc／條播用溝道1m

完熟肥：移株用灰匙1/5匙／條播用溝道1m

順著條播的溝道，跟寬10cm×深10cm的土壤混合

追肥

溫和性肥料：不需要

照護與收成

照護：反覆進行淘汰，最後調整到10cm的株距。

收成：長到15cm的高度時，整株拔下來採收。

重點建議

種植菠菜的田畦，要用牡蠣殼石灰（蚵貝粉）來調整酸鹼值

菠菜如果遇到酸性的土壤，發育狀況會變得比較差，必須用鹼性石灰來中和土壤的酸性。在此要向大家推薦的，是牡蠣殼石灰（蚵貝粉）跟貝殼粉等有機石灰。它們的效果較為溫和，對土壤中的微生物所造成的傷害也比較低。另外，石灰只要在春天施加一次就已經足夠，要提醒自己不可以使用過量。土壤越是偏向鹼性，就越容易產生疾病。

*本葉：種子萌發子葉之後，另外長出來的植物本身的葉子

出現這種症狀嗎！

發育狀況不好，葉子邊緣變成黃色

對策

原因是肥料不足 請施加充分的基肥

原因應該是肥料不足。基肥沒有施加足夠的份量。

菠菜的特徵之一，是在成長初期拚命的吸收養分。在本葉長到4片之前，會讓根部持續往土壤深處延伸，來吸收大量的養分。

要是在這個時期之前，沒有吸收到足夠的養分，那就無法種出成功的菠菜。就算急忙的施加追肥也來不及，可以被吸收的養分非常的少。勝負在長齊4片葉子的時候就已經決定。因此最為重要的，是在播種之前確實的施加基肥。順著播種用的溝道，把溫和性肥料混入。

確實施加基肥，是培育菠菜的重點。以播種的溝道為中心，用寬10㎝×深10㎝的範圍，來將完熟肥與溫和性肥料混入，為播種做好準備。

出現這種症狀嗎！

葉子長得很大片但味道很苦不好吃

對策

原因是肥料過多。可以用比周圍雜草要深一點的綠色來當作基準

基肥雖然重要，但也不可以過量。菠菜的性質是將養分累積在內，要是肥料過多，硝酸態窒素的份量也會增加。葉子雖然長得又大又厚、帶有深濃的綠色，但是充滿苦味跟澀味，並不好吃。

施加適當的肥料，讓葉子的顏色跟周圍的草差不多，或是稍微深一點點。這樣就算小小一株，味道也能非常的甜美。

順利成長的菠菜，剛好長齊4片葉子。顏色不會太綠，跟周圍的雜草差不多。在這之後一邊培育一邊篩選，沒有必要施加追肥。

原產於地中海沿岸　十字花科

小松菜

種出美味蔬菜的秘訣

- ●原產於地中海沿岸，喜好涼爽的氣候。適合在春天與秋天栽培。
- ●容易栽培、可在短期之內收成，值得推薦給初學者嘗試。
- ●小心別讓耕地陷入肥料過多的狀態，以免疾病跟害蟲前來騷擾。

基本的栽培時間表

春季播種

3月
- ●種植的2個禮拜前，將田畦準備好。
- ●播種。用1cm的深度劃出條播用的溝道，以1cm的間隔將種子撒下，把土蓋上壓平。

4月
- ●長出雙子葉後，在本葉長出來之前進行第一次的篩選。之後反覆的淘汰，最後將株距調整到10cm。
- ●必須注意蚜蟲、甘藍夜蛾等害蟲。可以直接蓋上寒冷紗，或是用防蟲網製作隧道棚，來當作害蟲的對策。

5月
- ●大約40天後採收。從長到20cm的個體開始，逐次進行收成。

6月
- ●持續收成。下一批農作物，建議選擇秋葵或小黃瓜。

秋季播種

8月
- ●容易種植且味道較為甜美的，是秋季到冬季所栽培出來的小松菜。用完熟肥跟溫和性肥料將田畦準備好。

9月
- ●跟春天一樣進行播種。
- ●為了減少害蟲，建議直接蓋上寒冷紗，或是用防蟲網製作隧道棚。
- ●長出雙子葉後，在本葉長出來之前進行第一次的篩選。

10月
- ●反覆進行淘汰，把株距調整到10cm。看準時機來拔除，讓每一株之間的葉子不會重疊。
- ●要是有空下來的田畦，可以追加新的種子。
- ●從長到20cm的個體開始，逐次進行收成。

11月
- ●持續收成。
- ●對後來種下的小松菜進行淘汰。收成會從12月持續到明年1月。

種植

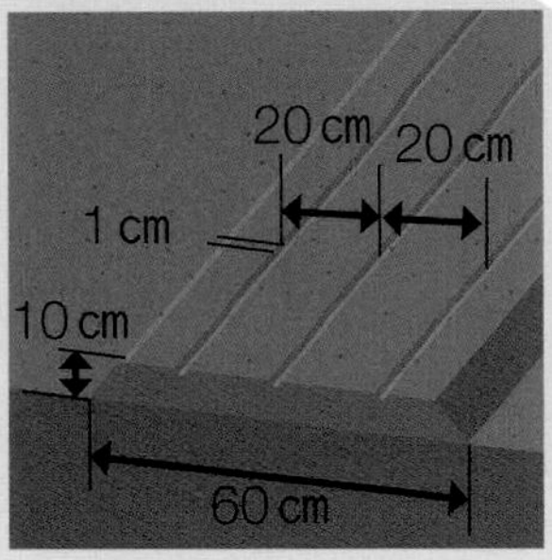

田畦的尺寸
寬60cm×高10cm

種植方式
以20cm的行距種植3排
條播時以1cm的間隔撒下種子

共榮作物
茼蒿、萵苣

基肥

溫和性肥料：**200cc／條播用溝道1m**

完熟肥：**移株用灰匙$\frac{1}{5}$匙／條播用溝道1m**

順著條播的溝道，跟寬10cm×深10cm的土壤混合

追肥

溫和性肥料：**不需要**

照護與收成

照護：反覆進行淘汰，最後調整到10cm的株距。

收成：長到20cm的高度時，整株拔下來採收。

重點建議

有空下來的地方，就可以用來種小松菜

只要避開最高溫與最低溫的時期，小松菜幾乎全年都可以種植。栽培期間也相當的短，規劃菜園的栽種計劃時，可以用來填補主要農作物的前後所出現的空窗期。以沒有施肥的方式將小松菜種下，可以將上一批農作物所殘留的肥料吸收乾淨，讓下一批農作物種起來更加容易。也別忘了，當令的小松菜美味可口，擔任主要農作物的位置是綽綽有餘。

出現這種**症狀**嗎！

遭到毛蟲的集中攻擊讓葉子變得破破爛爛

對策

播種之後用防蟲網進行保護

小松菜、大白菜、高麗菜等十字花科，都是很容易長蟲子的蔬菜。

持續進行活用雜草的懶人農法，害蟲所造成的損害，就會越來越不顯眼。這是因為自然界的「食物鏈」維持在均衡的狀態。

在一開始的時候，建議用防蟲網或寒冷紗等縫隙較小的網子，將蔬菜覆蓋起來提供保護。讓蟲子無法靠近。

另外也請記住，給予太多肥料讓蔬菜營養過剩，會引來比較多的蟲子，損害也隨著增加。

以十字花科的蔬菜為目標的蕪菁葉蜂的幼蟲，俗稱「葉子上的小黑蟲」。數量變多，就會把葉子咬得破破爛爛。

1 先用防蟲網來準備好隧道棚，再來撒下小松菜的種子。主要的敵人有小菜蛾、菜青蟲、甘藍夜蛾等等。2 播種之後馬上將網子蓋上，防止外敵入侵。

出現這種**症狀**嗎！

有小蟲子跳來跳去葉子全都是孔……

對策

避免讓十字花科連作改種其他的蔬菜

這是名為黃條葉蚤的小型甲蟲。想用手抓掉，卻像跳蚤一般跳來跳去，集團性的啃蝕十字花科的蔬菜，讓葉子變得破破爛爛。

它們會將卵下在土中，幼蟲在地下啃蝕十字花科的根部，長大之後換對葉子下手。是非常麻煩的害蟲。

一旦出現黃條葉蚤，就要有一段時間，停止在這塊土地種植十字花科的蔬菜。因為它們已經在土中等候，播種只是把飼料送上門。要採用輪作的方式，來避開這種害蟲。

原產於中國 十字花科

大白菜

種出美味蔬菜的秘訣

- 撒下較多的種子，可以享受美味的娃娃菜。
- 追肥要持續性的施加，來結成大顆又飽滿的球體。
- 栽培的過程要注意甘藍夜蛾。

基本的栽培時間表

春季播種

3月
- 種植的30天前開始製作幼苗。
- 如果選擇購買，要向種子行或花市預約。
- 種植的2個禮拜前，將田畦準備好。

4月
- 以本葉3～4片的狀態來種下，把割下來的草鋪在周圍。
- 用寒冷紗或防蟲網來防止害蟲。

5月
- 開始施加追肥。每3週1次，每1株200cc的溫和性肥料，以大面積來薄薄的撒上。請觀察葉子的顏色來調整肥料的份量。

6月
- 從結球的個體開始收成。

秋季播種

8月
- 種植的30天前開始製作幼苗。
- 如果選擇購買，要向種子行或花市預約。
- 種植的2個禮拜前，將田畦準備好。
- 開始將苗株種下，把割下來的草鋪在周圍。

9月
- 把苗株種下的時機不可延誤，太晚種下會無法結成球狀。
- 用寒冷紗或防蟲網來防止害蟲。
- 開始施加追肥。跟春天一樣，觀察葉子的顏色來調整肥料的份量。

10月
- 要注意甘藍夜蛾，仔細觀察有沒有啃蝕的痕跡。

11月
- 從結球的個體開始收成。冬天的大白菜，可以留在田畦上放置。只採收要吃的份量也行。
- 進入結霜的時期之後，用繩子把包在外側的葉子綁起來。收穫可以持續到新曆的過年。

種植

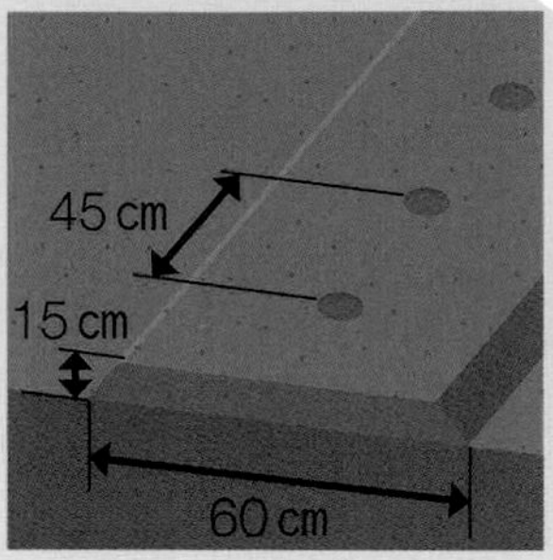

田畦的尺寸
寬60 cm × 高15 cm

種植方式
以45 cm的株距
種植1排的幼苗

共榮作物
萵苣、茼蒿

基肥

溫和性肥料：400cc／1株

完熟肥：移株用灰匙1匙／1株

順著種植的位置，跟寬30 cm以上×深15 cm的土壤混合

追肥

溫和性肥料：200cc／1株

每3個禮拜1次，以大面積薄薄的撒在苗株周圍，跟土壤稍微的混合。

照護與收成

照護：適度的進行除草跟堆土。把割下來的草鋪在田畦上。

收成：從結球的個體開始採收。

重點建議

肥料的份量要怎麼決定？

就算用一樣的份量來施加同一種肥料，也會因為土質跟土壤微生物的數量不同，產生不一樣的效果。那到底要怎樣決定肥料的份量呢。田裡的蔬菜，可以告訴我們正確答案。如果葉子的顏色較濃、容易長蟲的話，那就是養分太多。葉子顏色偏黃、感覺沒有精神，則是養分不足。重要的是觀察蔬菜的狀況來調整肥料。不要一次就將肥料全部撒上去，請觀察葉子的顏色來分批給予。

這樣就能解決！常見的問題與對策

出現這種症狀嗎！

葉子外開無法結成球狀

對策

在適當的時期種植頻繁的施加追肥

原因是種植的時期太晚，或是養分不足。大白菜需要大量的養分。施加基肥的時候份量必須充足，並且用大面積與足夠的深度來混入土中，然後再來種植。

如果是第一次用來種植、稱不上是肥沃的土地，要用每一株800cc來當作基準，把溫和性肥料混入土中。如果是已經肥沃的耕地，請將份量減少一些。另外要常常的施加追肥。大白菜會用一天2片以上的速度不斷長出新的葉子，形成紮實的球狀構造。

外表為美麗球體的大白菜。吸收養分的大白菜，會迅速長出新的葉子來結成球狀。其中的秘訣是持續的施加肥料，並且用大面積來薄薄的撒上，以免大白菜吸收不到養分。

出現這種症狀嗎！

早上起來一看幼苗從基部整株倒下！

對策

這是切根蟲惹的禍請試著用寧樹（藥木）來除蟲

剛剛發芽或是才剛種下去不久的幼苗，常常會被切根蟲所困擾。

切根蟲屬於蕪菁夜蛾的幼蟲，白天潛伏在蔬菜基部附近的地下，到了晚上爬出來，啃咬莖幹與地面接觸的部分。被咬過的幼苗會整株倒下，辛苦的結果就這樣泡湯。

在倒下的苗株附近把地面稍微的挖開，可以找到切根蟲的身影，立刻將它們驅逐，以免其他蔬菜遭殃。

寧樹（印度苦楝樹），是防止切根蟲出現的有效方法。寧樹所發出特殊的氣味，可以讓各式各樣的害蟲不敢靠近。市面上有販賣乾燥的葉片跟種子渣，請買來嘗試看看。也可以參考第96頁所介紹的，寧樹萃取液的製作方法。

出現倒下的蔬菜之前，把製作萃取液剩下來的殘渣撒在幼苗的周圍，可以降低切根蟲所造成的損害。

這就是切根蟲。在幼苗與地面接觸的部位進行啃蝕的毛蟲。把倒下的苗株周圍稍微的挖開來，就可以找到它們的身影。

原產於地中海沿岸 十字花科

高麗菜

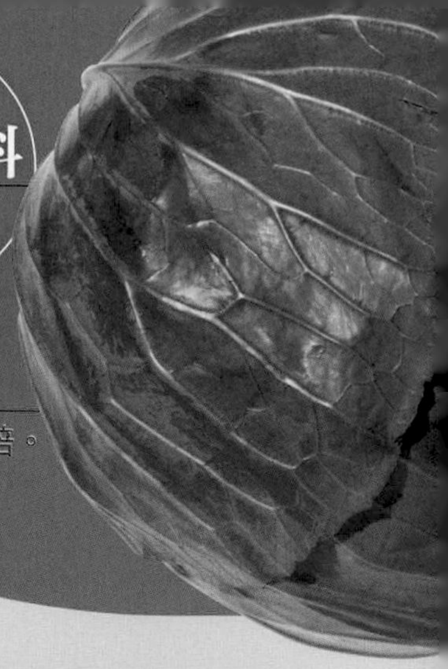

種出美味蔬菜的秘訣

- ●喜愛涼爽的氣候，原生長於地中海沿岸的蔬菜。可在春季與秋季栽培。
- ●培育出大片的外葉，適時的施加追肥來結成大顆的球體。
- ●把割下來的草鋪在田畦上面，可以預防疾病。

基本的栽培時間表

春季播種

3月	●種植的30天前開始製作幼苗。 ●如果選擇購買，要向種子行或花市預約。 ●種植的2個禮拜前，將田畦準備好。
4月	●以本葉3～4片的狀態來種下，把割下來的草鋪在周圍。 ●必須注意菜青蟲、小菜蛾、甘藍夜蛾等害蟲 ●用寒冷紗或防蟲網來防止害蟲。
5月	●追肥只施加1次。當往外擴展的外葉達到10片、中央形成乒乓球大小的球體，就要施加追肥。每1株的份量為400cc的溫和性肥料，把外葉翻起來，用大面積薄薄的撒在周圍。
6月	●從結球的個體開始收成。

秋季播種

8月	●種植的30天前開始製作幼苗。 ●如果選擇購買，要向種子行或花市預約。 ●種植的2個禮拜前，將田畦準備好。 ●開始將苗株種下，把割下來的草鋪在周圍。
9月	●用寒冷紗或防蟲網來防止害蟲。 ●除草並將割下來的草鋪上。 ●必須注意菜青蟲、小菜蛾、甘藍夜蛾等害蟲。
10月	●追肥只施加1次。當往外擴展的外葉達到10片，中央形成乒乓球大小的球體，就要施加追肥。每1株的份量為400cc的溫和性肥料，把外葉翻起來，用大面積薄薄的撒在周圍。 ●必須注意菜青蟲、小菜蛾、甘藍夜蛾等害蟲。
11月	●從結球的個體開始收成。

種植

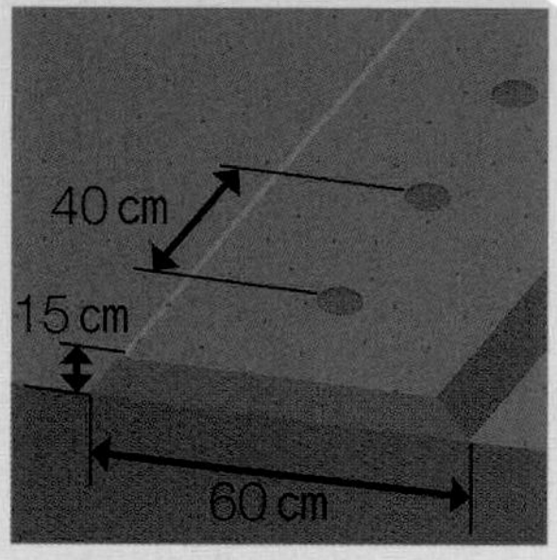

田畦的尺寸
寬60cm×高15cm

種植方式
以40cm的株距
種植1排的幼苗

共榮作物
萵苣
※請勿選擇草莓

基肥

溫和性肥料：400cc／1株

完 熟 肥 ：移株用灰匙1匙／1株

順著種植的位置，跟寬30cm以上×深15cm的土壤混合

追肥

溫和性肥料：400cc／1株

開始結球之後，撒在往外張開的葉子下方，跟土稍微的混合。

照護與收成

照護：適度的進行除草跟堆土。要對菜青蟲、小菜蛾等害蟲採取適當的對策。

收成：結球之後從上方試壓看看，要是飽滿又紮實，就可以收成。

重點建議

要在蔬菜餓肚子的時候施加追肥

基肥會隨著蔬菜的成長而消耗，另外也會隨著雨水流失，讓土中的營養變得越來越少。施加追肥是為了補充土壤內部的養分，如果可以在蔬菜最需要養分的時候施加，則可以發揮更好的效果。對高麗菜來說，最需要養分的時機，是中央長出乒乓球大小的球體的時候。這是「接下來要捲出大大一顆菜球！」的訊息，要以這種感覺來選擇施加追肥的時間。

這樣就能解決！常見的問題與對策

出現這種症狀嗎！

高麗菜的葉子腐爛 出現不好的氣味

對策

把割下來的草鋪上 減少飛散的泥巴來防止疾病

下方的照片，是因為軟腐病變得又軟又滑的高麗菜。

用割下來的草進行覆蓋，可以有效預防疾病。其中的重點之一，是下雨的時候別讓泥水飛散。被蟲子咬傷的部位如果跟飛散的泥水接觸，被土中的病菌感染的風險就會增加。用割下來的草進行覆蓋可以防止這種現象發生。

漂亮的球狀結構。為高麗菜施加肥料的時候，不要全都撒在同一處，而是用廣範圍來薄薄的撒上，這樣就算肥料的份量相同，可能讓農作物以自然的節奏來成長。培育出疾病與蟲害無法靠近的，充滿精神的蔬菜。就是要這種蔬菜，享用起來才會可口。

肥料不足或是肥料過多的蔬菜，對於疾病跟害蟲的抵抗力都會比較低。提醒自己施加適量的肥料以防止害蟲與疾病。

出現這種症狀嗎！

出現大量的菜青蟲 葉子被亂咬一通

對策

跟茼蒿混植 減少前來產卵的白粉蝶

菜青蟲是白粉蝶的幼蟲，它們是高麗菜的頭號敵人。如果耕地的肥料較多，菜青蟲所造成的損害也會跟著增加。

讓高麗菜跟茼蒿在同一個田畦進行混植，可以降低白粉蝶產卵的數量，菜青蟲所造成的損害也跟著減少。把茼蒿跟高麗菜輪流的種下，或是把茼蒿種在高麗菜的周圍，都是值得推薦的方式。十字花科（高麗菜）跟菊科（茼蒿）是很好搭配的共榮作物。

讓高麗菜跟生菜（茼苣）混植，可以降低菜青蟲對高麗菜所造成的傷害。共榮作物的效果雖然不是絕對，卻也相當有效。很值得去嘗試看看。

原產於地中海沿岸、亞洲中部　十字花科

白蘿蔔

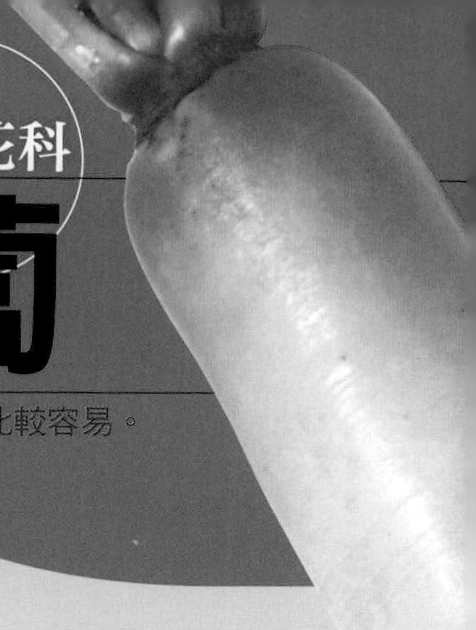

種出美味蔬菜的秘訣

- ●喜好涼爽的氣候，當令的季節為冬天。在秋天播種栽培起來比較容易。
- ●挑選合適的品種，也能在春天播種培育。
- ●小心別讓肥料過多，慢慢栽培是種白蘿蔔的秘訣。

基本的栽培時間表

春季播種

3月	●準備田畦。順著播種的位置挖出一條溝道，把肥料、堆肥混入土壤之後埋回去。 ●播種之後，把割下來的草稍微鋪上去。
4月	●逐次的進行播種。
5月	●對幼苗進行2次的篩選。第1次是葉子長到5㎝的時候，第2次是葉子長到15㎝的時候。每一處留下1株來培育。
6月	●從長到充分大小的白蘿蔔開始收成。

秋季播種

8月	●準備田畦。上一批農作物不可以是十字花科的蔬菜。接在玉米之後，可以種出漂亮的白蘿蔔。
9月	●播種。把割下來的草稍微鋪上去。 ●相隔幾天來分批播種，可以將收穫的時期拉長，是值得推薦的手法。 ●跟春季一樣，開始將幼苗淘汰。
10月	●對幼苗進行2次的篩選。每一處留下1株來培育。
11月	●從長到充分大小的白蘿蔔開始收成。 ●冬天的白蘿蔔，可以在耕地內放著不管。要吃的時候再來採收也行。 ●收穫會持續到新曆的過年。

種植

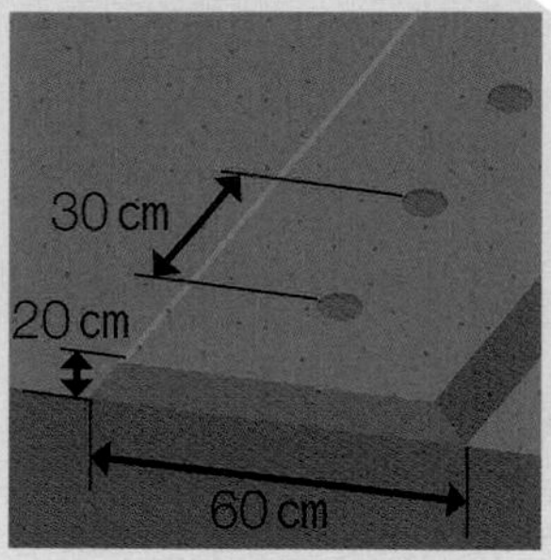

田畦的尺寸
寬60㎝×高20㎝

種植方式
以30㎝的株距進行點播
※每1處撒下3顆種子

共榮作物
萬壽菊、德國洋甘菊等等

基肥

溫和性肥料：100cc／1株
完 熟 肥 ：移株用灰匙1匙／1株
順著種植的位置，跟寬20㎝×深20㎝的土壤混合

追肥

溫和性肥料：基本上不需要
如果葉子的顏色比較淡，在每一株之間撒上少量的溫和性肥料。

照護與收成

照護：進行2次篩選，每一處只留下1株。

收成：從長到充分粗細的個體開始採收。

重點建議

春季與秋季的白蘿蔔的株距
株距除了考慮到品種之外，也要配合種植的季節。上方所標示的30㎝的株距，是春季播種的白蘿蔔所使用的指標。如果是在秋季播種、冬季收成，株距可以稍微縮短，調整到25㎝左右。春季到夏季拉開一點來維持良好的通風。秋季到冬季則是讓白蘿蔔靠近一點來取暖。用這種感覺來種植，可以讓兩者都順利的成長。

出現這種症狀嗎！

將白蘿蔔拔起來才發現根部裂開

對策

用割下來的草覆蓋讓土壤的濕氣穩定下來

白蘿蔔會裂開，是因為土壤在乾燥與濕潤之間變化得太過劇烈。如果耕地的排水機能太好，就必須小心這個問題。

把割下來的草鋪在田畦上，可以防止土壤太過乾燥，也能避免下雨讓田畦變得太濕。讓濕氣穩定下來，種出來的白蘿蔔也完好無缺。白蘿蔔的內部有時會出現縫隙一般的空洞。原因是沒有在適當的時期採收。還有則是肥料過多。如果是在春天播種，請稍微減少肥料的份量。

出現這種症狀嗎！

白蘿蔔的表面出現條狀的昆蟲啃蝕的痕跡

對策

遭到黃條葉蚤的幼蟲啃蝕請用寧樹來除蟲

要是白蘿蔔的表面出現淺淺的溝道，有如昆蟲啃蝕的痕跡一般，那就是黃條葉蚤的幼蟲搞的鬼。

在白蘿蔔的基部撒上少量的寧樹粉末，可以防止害蟲所造成的損害。份量是每1根白蘿蔔，挖耳棒3杓左右的份量，這樣就很充分。或者是將寧樹的萃取液稀釋400倍，噴灑在所有葉子的背面與根部。這種方式同時也能將成蟲趕走。

1 拔起來之後，發現有裂開的白蘿蔔。把割下來的草鋪在田畦上面，比較不容易出現這種現象。2 肥料的份量恰到好處、正在順利成長的白蘿蔔。葉子顏色不會太濃，跟周圍的草相當接近。

被黃條葉蚤的成蟲咬過，葉子出現開孔的白蘿蔔嫩芽。幼蟲的卵已經潛藏在土中。

原產於阿富汗　傘形科

紅蘿蔔

種出美味蔬菜的秘訣

- ●傘形科的蔬菜熱愛水分，梅雨季節放晴的日子，是播種的大好時機。
- ●播種之後一定要進行保濕。適度的施加肥料來慢慢的長大。
- ●撒下較多的種子，一邊享受小根的紅蘿蔔一邊培育。

基本的栽培時間表

7月	●準備田畦。順著播種的位置，以10㎝左右的深度一邊將土壤翻鬆，一邊將溫和性肥料混入。 ●播種可以選在梅雨季節之中放晴的日子。 ●播種之後，直接將不織布或砂布蓋上來進行保濕，以促進種子發芽。開始發芽之後拿掉。
8月	●本葉長到3～4片的時候，進行第1次的淘汰。之後反覆摘除，把株距調整到10㎝。被拔除的小紅蘿蔔一樣可以享用，味道又嫩又甜。 ●雜草要趁長大之前割除。
9月	●要小心蚜蟲與黃鳳蝶的幼蟲。
10月	●在發芽之後的第70天左右，根部會開始變粗，要在此時添加追肥。順著行列將溫和性肥料薄薄的撒上，不要跟紅蘿蔔的苗株接觸。
11月	●從長到充分大小的紅蘿蔔開始，逐次的進行採收。 ●要是紅蘿蔔的肩膀露到表面，有可能會變成綠色，要把土堆高來蓋住。
12月	●持續進行收成。

將幼苗淘汰的時候，不要連預定保留的幼苗也一同拔起來。先用指間把紅蘿蔔的幼苗夾住，一邊用手掌壓住土壤的表面，一邊用另一隻手把想要淘汰的紅蘿蔔抽起來。

種植

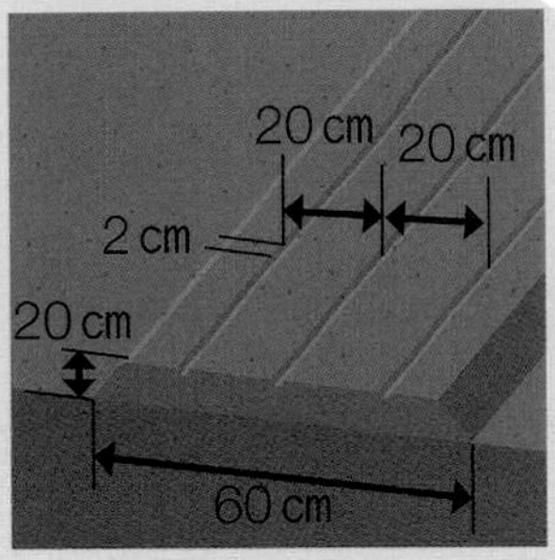

田畦的尺寸
寬60㎝×高20㎝

種植方式
以20㎝的行距種植3排
條播時以2㎝的間隔撒下種子

共榮作物
蔥類、十字花科的蔬菜

基肥

溫和性肥料：400cc／條播用溝道1m

完 熟 肥 ：不需要

順著種植的位置，跟寬10㎝×深10㎝的土壤混合

追肥

溫和性肥料：200cc／條播用溝道1m

發芽後的第70天施加追肥。避開莖幹的基部，順著紅蘿蔔來撒上。

照護與收成

照護：進行2次篩選。把株距調整到10㎝來讓紅蘿蔔長大。

收成：從長到充分粗細的個體開始採收。

重點建議

梅雨季節的晴天、土壤還是潮濕的時候，是播種的大好時機

紅蘿蔔屬於傘形科，是非常喜愛濕氣的蔬菜。水分不足，會讓發芽的時間參差不齊，播種之後要將不織布直接蓋上來防止乾燥。如果土壤乾掉，則必須澆水。長出幾片葉子之後，根部已經確實延伸到土中，此時就算乾燥一點也沒關係。找個梅雨季節的晴天，趁土壤還是潮濕的時候將種子種下去。

紅蘿蔔

這樣就能解決！常見的問題與對策

出現這種症狀嗎！

明明是同時播種 但發芽的時間參差不齊

對策

蓋上寒冷紗促進種子發芽

發芽的時機之所以參差不齊，是因為水分不足的關係。

事後淘汰的作業雖然會比較麻煩，但是將種子密集的撒下去，會比較容易發芽。紅蘿蔔是需光性的種子，條播用的溝道只要5cm的深度就好。撒下種子之後，蓋上一層薄薄的土，用手掌確實的壓平。接著把割下的草鋪上，可以看到土壤的程度即可，然後用不織布或寒冷紗直接蓋上。這樣可以維持土壤的濕氣，發芽的時機應該也能湊齊。播種的理想時機，是梅雨季節的晴天，因為土壤正處於濕潤的狀態。開始發芽之後要將覆蓋物拿掉。

1 用不織布將田畦蓋住來促進發芽。萌芽將不織布撐起來的時候，就要把不織布拿掉。**2** 正在順利成長的紅蘿蔔。葉子長到3～4片之前，土壤如果乾掉，就要主動的澆水。在這之後可以忍受某種程度的乾燥。

出現這種症狀嗎！

收成的紅蘿蔔又乾又扁 味道也不好吃

對策

給予適當的肥料 把割下來的草鋪上來進行保濕

原因是肥料太多或太少。施加肥料的基本原則，是薄薄的撒上。請在適當的時機施加追肥，調整出可以讓紅蘿蔔慢慢成長的環境。

另一個重點，是讓土壤維持穩定的濕氣。趁土壤還沒有乾的時候，用割下來的草將田畦蓋住。要是都沒下雨、土壤乾掉的話，則主動的灑水。這樣就能種出美味的紅蘿蔔。

用混植來防止害蟲

十字花科的蔬菜，跟紅蘿蔔很好搭配。在同一塊田畦，以數排輪流的種上蕪菁跟紅蘿蔔，可以讓雙方的害蟲減少。紅蘿蔔跟洋蔥也是很好的組合，可以降低害蟲所造成的損害。

成長到一半的洋蔥，每一株之間種有春天播種的紅蘿蔔，以此來進行混植的案例。

原產於亞洲中央　百合科

洋蔥

種出美味蔬菜的秘訣

- 喜好涼爽的氣候。在秋天製作幼苗來播種，可以在明年夏天的初期收成。
- 把嬌小的幼苗種下，慢慢的進行培育，可以長出紮實又高品質的洋蔥。
- 不可以把肥料一口氣的倒下，會種出容易腐爛的洋蔥。

基本的栽培時間表

9月	●9月下旬，在耕地的一角製作苗床，撒上種子開始育苗。覆蓋用的土要薄一點，並且鋪上穎殼來防止乾燥。
10月	●育苗的時候要小心切根蟲。如果幼苗被啃咬而倒下，要將周圍的土稍微翻開，把切根蟲找出來。追肥少一點，以免幼苗長得太大。
11月	●當幼苗長到15㎝的高度時，就要進行植株。在準備好的田畦上面，用三角鋤挖出3條深度約5㎝的溝道，以15㎝的間隔把幼苗擺上去，用土將根部蓋住來壓平。
12月	●把割下來的草鋪在每一株幼苗之間。
1月	●在1月底施加第一次的追肥。如果是右邊這種規格的田畦，每1m的長度，將200cc的溫和性肥料薄薄的撒上。
2月	●在2月底施加第二次的追肥。跟1月一樣，薄薄的撒在田畦上面。追肥到此結束。如果在3月以後還施加追肥，會長出不容易存放的洋蔥。
3月	●3月開始就不要施加追肥。
4月	●要小心蚜蟲。要是發現，請在數量增加之前拍掉。
5月	●5～6月，結球之後就可以收成。球體上方的葉子變細、倒下，就是採收的訊息。 ●注意天氣預報，請選擇持續放晴的日子來進行採收，擺在耕地內曬個2～3天的太陽。
6月	●持續收成。 ●每5～6顆用繩子綁住，吊在通風良好的屋簷下保存。

種植

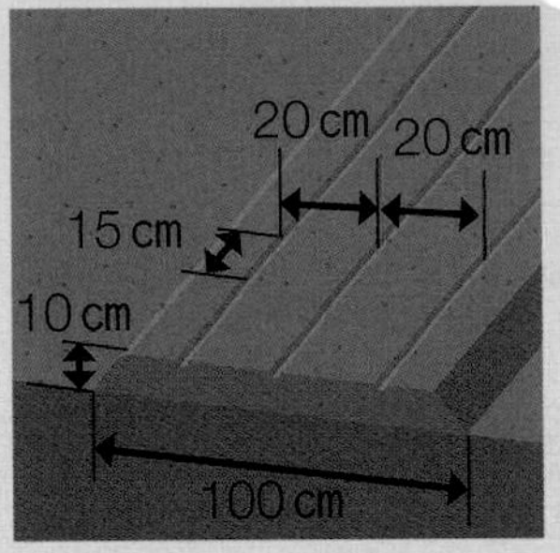

田畦的尺寸
寬100㎝×高10㎝

種植方式
以株距15㎝、行距20㎝來種植幼苗

共榮作物
可以跟各式各樣的蔬菜組合預防土壤所造成的疾病

基肥

溫和性肥料：**200cc／田畦1m**

完熟肥：**移株用灰匙2匙／田畦1m**

撒在整個田畦上面，以10㎝的深度跟土壤混合

追肥

溫和性肥料：**200cc／田畦1m**

最冷的時期1次、春分之前1次，撒在整個田畦上面。

照護與收成

照護：適度的進行除草。

收成：5～6月，球體上方的葉子變細倒下，就可以開始收成。

重點建議

大量的種植，吊在屋簷下方保存

洋蔥很容易保存，就算種出來的數量較多，也不會令人困擾。夏季初期，當葉子倒下的時候，就可以收成。把葉子剪掉，用繩子把4～5顆的莖綁在一起，吊到屋簷下面來進行保存。此時可以多加一道手續，撕下一層薄皮，讓洋蔥在保存期間之內不會受損。過一段時間之後，全白的洋蔥就會變成棕色。

出現這種症狀嗎！

吊起來保存的洋蔥放到一半就開始腐爛

對策

用懶人農法來慢慢培育就不會有這種問題

會在保存期間腐爛，是因為給予太多的肥料。從新曆的過年開始我們會施加2次追肥，此時的重點，是薄薄的撒在整個田畦的表面。

如果將肥料一口氣的倒下去，會在氣溫回暖的時候產生過度的效果，讓洋蔥的結構變得較為鬆散。到了收成的時期，原本應該變細的球體上方的葉子反而變胖，成為葉子不會倒下來的洋蔥。這種營養過剩的洋蔥很容易腐爛。只要以大面積將肥料薄薄的撒上，用懶人農法的方式慢慢培育，就不會有保存到一半腐爛的問題。

洋蔥採收之後把葉子剪掉，用繩子綁在一起，吊在通風的場所來保存。有些品種甚至可以存放到10月左右，風味一樣的美好。

出現這種症狀嗎！

才剛進入春天就開花變成一顆圓圓的頭

對策

用小顆的幼苗來種植是不讓花梗出現的秘訣

原因是用來種植的幼苗太過大顆。苗株的尺寸如果超過20cm，會比較容易長出花梗，開出圓圓一顆花序。如果選擇購買，要挑選較為小顆的幼苗。要是只能買到大顆的幼苗，請把長度切齊到15cm左右，這樣問題應該就可以解決。

如果自己製作的幼苗長得太大顆，一樣是切齊之後再來使用。

長出花梗的洋蔥會停止成長，屬於失敗品。請當作洋蔥葉來享用。

1 如果自己製作幼苗，請不要太早播種。不然在植株的時候會長得太大顆。要確實遵守適合播種的時間。2 比較大顆的幼苗要把葉子剪齊到15cm再來種植。以免在春天長出花梗。

原產於中國西部的乾燥地區

百合科

蔥

種出美味蔬菜的秘訣

- ●原產地是乾燥的土地。要準備排水良好的田畦。
- ●以持續但少量的方式，在土壤表層施加追肥。
- ●長蔥在施加追肥的時候，要順便將土堆高，讓白嫩的部分增加。

基本的栽培時間表

3月	●首先要在苗床進行育苗。播種的時候，覆蓋的土壤要薄一點。用可以看到土的程度，把割下來的草或穎殼鋪上。蓋上不織布或寒冷紗，可以促進發芽。 ●一直到發芽為止，要維持足夠的水分。
4月	●適度的進行淘汰，讓葉子不要太過雜亂，保持3cm的間隔。
5月	●苗床要常常除草。將穎殼撒在苗床上面，可以降低雜草的數量，讓除草的作業輕鬆一點，同時也能防止乾燥。 ●可以利用小黃瓜或茄子等共榮作物。
6月	●長到20～30cm的長度、粗細跟鉛筆差不多的時候，就要進行植株。 ●株距為10cm，種下去的時候不可以讓分櫱的部分被埋住。長蔥要插深一點，讓白色的部分可以長得比較長。
7月	●施加追肥。在種的位置旁邊撒上少量的追肥，把土堆上。注意份量不可以太多，以免讓葉子的顏色變得太濃。 ●長蔥要把土堆上，讓白嫩的部分增加。 ●葉蔥則是把土堆到不會倒下的程度。
8月	●觀察葉子的顏色，如果顏色較淡，施加少量的溫和性肥料。長蔥要將土堆高。
9月	●觀察葉子的顏色，如果顏色較淡，施加少量的溫和性肥料。長蔥要將土堆高。
10月	●開始收成。長蔥要從已經長粗的個體開始拔起。 ●葉蔥在長到40～50cm的時候收成。葉蔥不論是整株拔起，還是將葉子剪下都可以。把根部留下，可以等葉子重新長出來之後再次的收成。
11月・12月	●不論是長蔥還是葉蔥，都要正式的展開收成。 ●可以留在耕地內放置，只採收要吃的份量。

種植（為白蔥時）

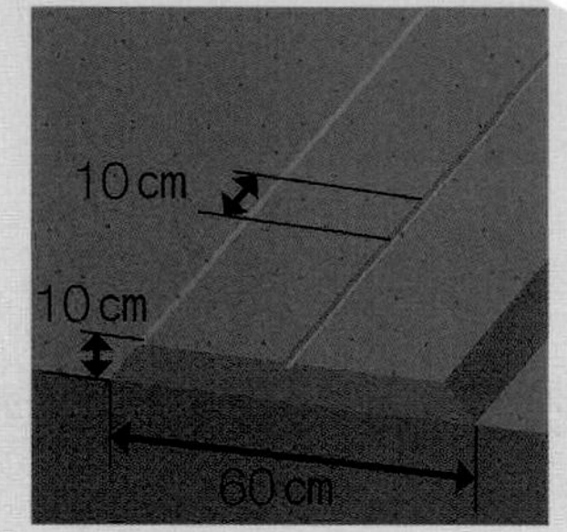

田畦的尺寸
寬60cm×高10cm

種植方式
以10公分的株距種植1排
把幼苗種下去的時候
不要讓分櫱*的部分
被土蓋住

基肥

溫和性肥料：100cc／1m
完熟肥：移株用灰匙1匙／1m

順著種植的位置，挖出15cm深的溝道，把溫和性肥料與完熟肥倒入，跟土壤混合之後填回去。

追肥

溫和性肥料：觀察葉子的顏色來適當施加

在種植的位置旁邊撒上溫和性肥料，然後將土堆上。零星且薄薄的撒上就已經足夠。

照護與收成

照護：長蔥（白蔥）要一點一點的將土堆上，反覆進行，讓嫩白的部分變長。葉蔥（青蔥）要將土堆高到不會倒下的程度。

收成：從11月開始採收。長蔥要長到足夠的粗細。葉蔥要在40～50cm的高度收成。

重點建議

可以大量的種植，當作共榮作物

從3月開始製作幼苗。用共榮作物的觀點來看，蔥可以用來減少小黃瓜跟茄子的連作障礙。除了拿來享用的份量之外，也可以製作多一點的苗株，用來跟其他農作物搭配。另外，種完蔥的場所土壤會比較乾淨、病菌也比較少，接在後面的蔬菜發育會比較好。不論是葉蔥還是長蔥，哪一種都行。

＊分櫱：禾本科植物在地面以下或近地面處所發生的分枝

出現這種症狀嗎！

蔥的葉子出現紅色瘡疤一般的物體

對策

這是罹患銹病的現象 請給予適量的肥料來防止疾病

只要按照「葉子顏色較淡的時候，給予少量的肥料」這個原則來施加追肥，蔥就可以健康的成長。出現銹病，代表肥料的份量太多或太少，對蔥的健康狀態造成不好的影響。不只是蔥，蔬菜本身如果處於虛弱的狀態，就會讓疾病有機可趁。

通風如果不好，也會讓蔥的健康狀況變差。蔥的葉子會往左右張開，種的時候如果將每一株的方向對齊，有助於改善通風。透過這些方式來打造蔬菜不容易生病的耕地，是非常重要的。

感染紅銹病的蔥（右圖）。西村先生的耕地，很少出現這種疾病。活用雜草的懶人農法種出來的蔬菜，不會有營養過剩的狀況，成長得非常健康。

出現這種症狀嗎！

雖然順利收成但蔥的味道很辣又不好吃

對策

以有機的方式慢慢培育 可以讓蔥的味道甜美

蔥、洋蔥、大蒜等百合科的植物，含有硫磺化合物這種刺激性物質，所以帶有一種獨特的辣味。蔥跟洋蔥會吸收土中的硫磺，在體內進行儲存。所以使用化學肥料，很容易就會種出含有大量刺激性物質的蔥。

想要降低辣味、讓蔥得到甜美的味道，必須在肥料方面下功夫。除了使用有機肥料之外，還要讓養分慢慢的被吸收。

長蔥跟葉蔥都是在6月進行植株。基肥要埋在種植用溝道的下方。幼苗種下去之後，用割下來的草蓋在土壤的表面。

施加追肥的時候，則是將少量的溫和性肥料，薄薄的、零星的撒在草上面。

如果是長蔥的話，要在施加追肥的同時把土堆上。反覆將土堆高，讓白嫩的部分可以變長。葉蔥則是把土堆高到不會倒下的程度。

追肥的份量跟施加的時機，要觀察葉子的顏色來決定。一旦覺得綠色太淡，就要施加追肥。要是肥料的成分不足，葉子前端會變成棕色。千萬不可以讓葉子變得太綠。要一邊培育，一邊施加少量的追肥。用這種方式讓蔥慢慢吸收養分來逐漸的成長，就可以種出甜美的味道。就算使用同一種溫和性肥料，如果一次給予太多的份量，不論哪一種農作物都無法順利的成長。

原產於地中海沿岸　菊科

萵苣

種出美味蔬菜的秘訣

●萵苣在移植之後會讓根的數量增加，發育也更加良好。
●種在草蓆或比較高的植物下方等半陰涼的環境，可以培育出美味的萵苣。
●建議跟十字花科進行混植，降低疾病與害蟲的風險。

基本的栽培時間表

春季播種

3月	●開始育苗。把種子撒在深度較淺的育苗箱內。 ●反覆移植幾次，可以讓萵苣的根部變得更為發達，發育狀況也更好。
4月	●本葉長到1片時，移植到育苗杯內。當葉長到3～4片之後，移株到耕地內。
5月	●用寒冷紗或防蟲網製作隧道棚來蓋上，可以改善發育狀況，也能預防害蟲。
6月	●收成。如果是結球萵苣，用手壓看看，如果結構紮實，用菜刀將莖幹切斷來進行採收。葉萵苣除了整株剪下來之外，也可以只將外葉摘下，來得到長期性的收穫。

秋季播種

8月	●開始育苗。方法跟3月一樣，但要用草蓆或遮光板將陽光遮住，作為高溫的對策。
9月	●本葉長到1片時，移植到育苗杯內。當葉長到3～4片之後，移株到耕地內。
10月	●用寒冷紗或防蟲網製作隧道棚來蓋上，可以改善發育狀況，也能預防害蟲。開始收成，跟6月一樣進行採收。
11月	●持續收成。

種植

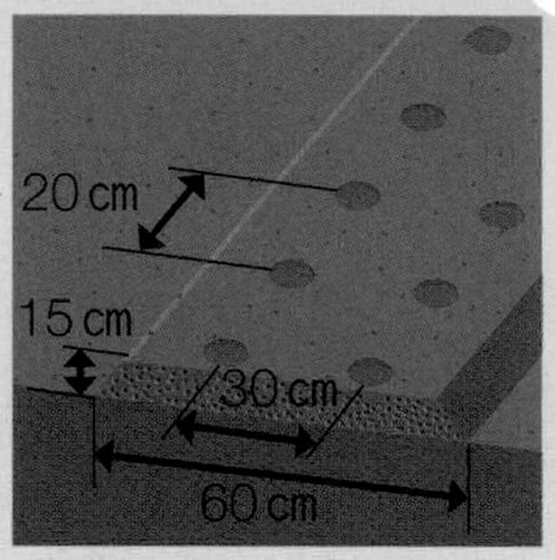

田畦的尺寸
寬60 cm × 高15 cm

種植方式
以株距20 cm、
行距30 cm將幼苗種下

共榮作物
高麗菜、大白菜

基肥

溫和性肥料： 100cc／1m

完 熟 肥： 移株用灰匙1匙／1m

順著種植的位置，跟寬10 cm × 深10 cm的土壤混合。

追肥

溫和性肥料： 不需要

照護與收成

照護： 不需要追肥，但如果葉子的顏色較淡，請捏一撮溫和性肥料撒在苗株的附近。

收成： 播種的大約2個月後，開始進行收成。

重點建議

萵苣跟十字花科的蔬菜感情非常要好

種植萵苣的時候，建議跟十字花科的蔬菜進行混植，這樣可以降低害蟲對十字花科所造成的損害。高麗菜是菜青蟲的最愛，如果在旁邊種植萵苣，據說白粉蝶（菜青蟲的成蟲）就不會產卵。為萵苣製作幼苗的時候，可以多準備一些數量，當作共榮作物來使用。其中又以葉萵苣的效果特別的好，值得令人推薦。

出現這種症狀嗎！

葉萵苣的味道苦到會嚇人

對策

水分不足，除了澆水也要下功夫來減少陽光

不只是葉萵苣，其他各種農作物也都擁有這種傾向。遇到水分不足、太陽光又強的環境，蔬菜的味道就會變苦。這似乎是因為蔬菜不想讓水分流失，把低分子的物質累積在體內，讓苦味的成分也跟著增加。解決之道是大量補水，並將割下來的草或稻稈等有機物鋪上，把莖幹的基部蓋住，來防止土壤乾燥。

再則是蓋上草蓆或寒冷紗，以免強烈的陽光直接照在蔬菜身上。這樣就不會出現味道苦澀的生菜。種在四季豆或小黃瓜等高度較高的蔬菜下方，也是值得推薦的手法。適度的將陽光遮住，就能種出美味的萵苣。

另外，肥料不管是太多還是太少，都會讓葉萵苣的味道變苦。提醒自己肥料必須適量，讓蔬菜吸收到的養分不多也不少。就算份量相同，也不要一口氣的全部倒上，薄薄的撒在廣大的面積上，可以讓蔬菜均衡的吸收。

在葉萵苣的田畦蓋上草蓆的屋頂。這樣可以緩和強烈的陽光，在盛夏也能種出美味的萵苣。

出現這種症狀嗎！

萵苣出現黏黏的感覺甚至是爛掉

對策

把割下來的草或稻稈鋪到田畦上面防止下雨讓泥水飛散

應該是感染到軟腐病。下雨讓泥水飛散，使萵苣被泥水中的病菌感染到。已經被感染的苗株，要拿到耕地外面進行處分。另外則是，把割下來的草或稻稈鋪上，防止下雨讓泥水飛散（77頁）。

覆蓋用的稻稈或割下來的雜草下面，會有各式各樣的微生物活動。穩定的水分與濕度、有害的紫外線遭到隔離等等，這些對於生物來說都是理想的生存環境。雖然也有會讓蔬菜感染疾病的細菌，但大部分都是好菌跟無影響的菌類。

像這樣有各種細菌存在的環境，其實很重要，其中就算有病菌存在，只要密度不高，蔬菜就不會被感染到。

讓耕地的其他草類生長，然後將這些草割下來鋪上的農耕方式，可以實現不容易感染疾病的耕地。

用有機物來進行覆蓋，可以得到許多的優勢。防止泥水飛散、保濕、穩定地面溫度，還可以提高土壤的生物性來維持土地的健康。

PART 3

從害蟲、疾病的手中保護蔬菜！

值得推薦

如何製作天然農藥

驅逐害蟲！
讓害蟲不敢逼近！

基本

有機、無農藥的家庭菜園 會有許多益蟲前來聚集

借助益蟲的力量 保護蔬菜不受害蟲啃蝕

假設在一片什麼都沒有的原野上面將土翻鬆，倒上肥料來種植蔬菜，會產生什麼樣的結果呢？對蟲子來說，這就好像滿漢全席從天而降，理所當然的，農作物會被亂咬一通。

不過很神奇的，過了幾年之後，害蟲所造成的損害會漸漸緩和下來。這是為什麼呢？

沒錯，蜘蛛跟螳螂、寄生蜂等各式各樣的益蟲緊接在後的聚集而來，把害蟲當作佳餚來享用。

這種自然界的「食物鏈」要是可以取得均衡，就不會出現足以被稱為損害的損失。

我認為只有無農藥的耕地，才會出現這種現象。對於蟲子來說，無農藥的耕地就好像是可以安心生活的樂園。

一邊借助益蟲的力量，一邊享受種植蔬菜的樂趣，是相當理想的方式。可以的話最好當作基本的思維。但在現實之中，事情往往無法如此的順利。還是得運用其他各種手段，來為蔬菜提供保護。

除了用寒冷紗或防蟲網把蔬菜包住之外，也可以嘗試醋、燒酎、辣椒等食品所製造的驅蟲劑。

捕食各種昆蟲的螳螂，跟蜘蛛與肉食蜂一樣是位在金字塔頂端的「捕食者」，可以保護耕地內的蔬菜。

瓢蟲。當蚜蟲出現的時候，就會有瓢蟲前來捕食。瓢蟲的幼蟲一樣會捕捉蚜蟲。

仔細進行觀察 是害蟲對策的重點

防止害蟲的重點，在於盡早發現、盡早處理。為了將損害減到最低，要每天進行觀察。

青蛙也會捕食昆蟲。有機、無農藥的耕地，會有青蛙、壁虎等各式各樣的生物前來聚集。

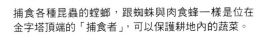

天然農藥①

塔巴斯科溶液

讓蟲子落荒而逃！

POINT

- 用水將塔巴斯科辣椒醬稀釋之後噴上
- 利用辣椒的刺激性讓蟲子遠離
- 對耕地內所有的害蟲都有效

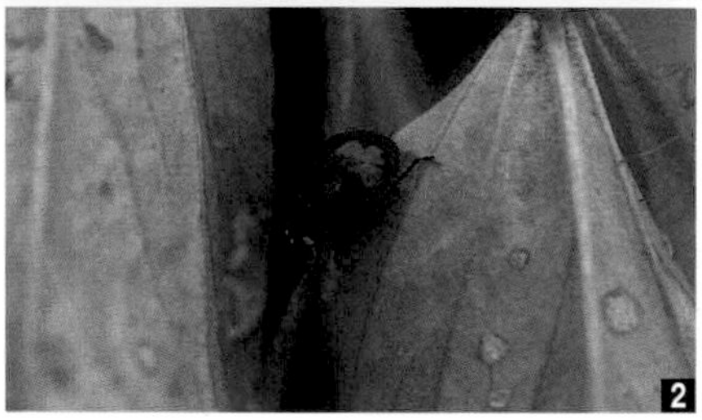

1 蚜蟲不只會吸取樹汁，也是傳染病毒的媒介。一開始會由帶有翅膀的個體飛來，然後數量一口氣的增加。**2** 這張照片是瓢蟲。捕食蚜蟲的益蟲。

用辣椒的刺激讓蟲子遠離

用料理所使用的塔巴斯科辣椒醬，來製作刺激性的除蟲劑。只要用水將塔巴斯科稀釋就可以完成，製作起來非常的輕鬆。

我所選擇的辣椒醬，是名為Sudden Death的品牌。辣度為一般的40倍，帶有極為強烈的刺激性，噴灑的時候一定要戴上手套跟護目鏡，並且站在上風處。

蚜蟲、綠椿象、黃守瓜蟲等等，只要找到害蟲，就立刻噴上去。蟲子馬上會落荒而逃，一段時間內不敢靠近。要是覺得開始有蚜蟲出現，也可以先噴到蔬菜上，防止蚜蟲蔓延。但要注意身為蚜蟲天敵的瓢蟲等其他益蟲，也會一起被趕走。最好是沒有其他辦法的時候再來使用。

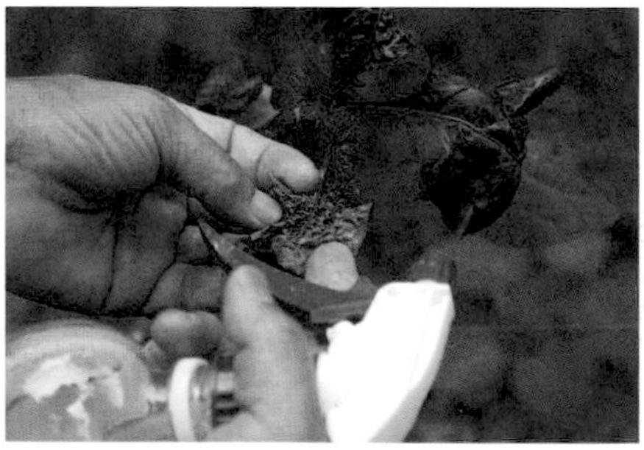

遭到病毒感染、葉子捲曲的青椒。要在陷入這種狀態之前，噴上塔巴斯科溶液。

把水裝在黃色的桶子來放到耕地內，讓帶有翅膀的蚜蟲飛進去淹死，降低蚜蟲所造成的損害。這也是一種對策。

塔巴斯科溶液的製作方法

1 用水將塔巴斯科辣椒醬稀釋

把500 cc的水跟50 cc的塔巴斯科辣椒醬（Sudden Death的話約10 cc）混合在一起。※寶特瓶的蓋子1杯多一點點，差不多等於10 cc。

2 用紗布過濾倒到寶特瓶內

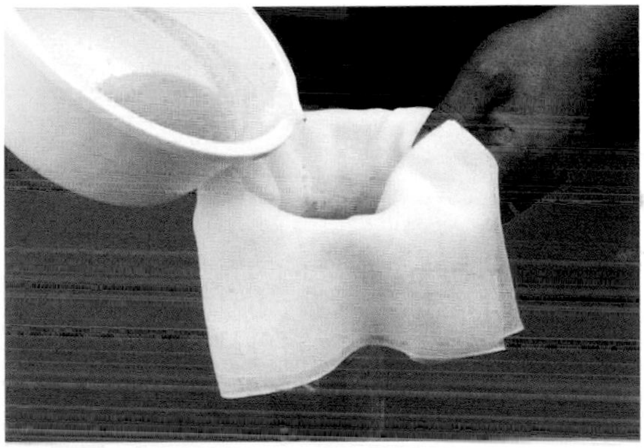

將稀釋的塔巴斯科辣椒醬倒到寶特瓶內。重點是用2～3層的紗布過濾，把辣椒的雜質去除。

3 直接噴在害蟲身上

將塔巴斯科溶液倒到噴霧器內，直接噴在有蚜蟲出現的蔬菜上。一週噴個1～2次，就能產生很好的效果。下雨會將溶液的成分沖掉，等雨停了之後要再噴一次。不可以用沾到塔巴斯科溶液的手去揉眼睛。皮膚較為敏感的人可以戴上手套。

建議用在蚜蟲、綠椿象等，一旦增加就很難處理的害蟲身上。將塔巴斯科辣椒醬稀釋到10倍來進行噴灑，用辣椒素的刺激性讓害蟲遠離。

材料

塔巴斯科辣椒醬 ………… 約50 cc
水 ………………………… 500 cc

一般的塔巴斯科辣椒醬，可以稀釋到10倍左右來使用。但如果是超辣的「Sudden Death」（右上照片），則稀釋到50倍會比較剛好。

準備的工具

攪拌碗、漏斗、紗布、寶特瓶

製作塔巴斯科辣椒的稀釋溶液時，務必要使用紗布。若未徹底過濾掉辣椒的雜質，就會造成噴霧器的阻塞而無法使用。

使用時的注意

- 塔巴斯科溶液，同時也會趕走瓢蟲或螳螂等益蟲。最為理想的方式，是讓耕地的食物鏈取得自然性的均衡。建議將塔巴斯科溶液當作「想不出其他方法……」的手段。
- 對採收之前的蔬菜使用塔巴斯科溶液，會讓蔬菜染上辣椒醬的味道，可以的話最好不要使用。

天然農藥②

寧樹溶液

獨特的氣味讓蟲子不想接近

在自家以手工製作寧樹萃取液

在此介紹怎樣製作具有除蟲效果的寧樹萃取液。內容非常的簡單，只要有鍋子跟瓦斯爐，任何人都有辦法完成。準備的材料有乾燥的寧樹、乾燥的寧樹種子（經銷商的資訊在左下）、水、燒酎。用瓦斯爐將這些材料熬過。最少放置一個晚上，然後用紗布過濾。

使用的時候用水稀釋來噴在蔬菜上面。雖然會有一種不愉快的氣味，但是對各種害蟲都會有效。長期下來可以讓害蟲完全的遠離。

熬剩下來的殘渣也有它們的用途。值得推薦的使用方法，是拿來對付切根蟲、甘藍夜蛾。這些害蟲在夜晚活動，白天躲在地面下，要找出來不是一件容易的事情。只要將寧樹的殘渣撒在可能受害的蔬菜基部，就可以在不知不覺之間讓切根蟲跟甘藍夜蛾消失，減少害蟲所造成的損失。

製作好的寧樹溶液可以裝到寶特瓶內，放置在陰涼處保存1個月左右。

POINT

- 用水跟燒酎製作萃取液
- 稀釋之後噴到蔬菜上面
- 殘渣也能用來驅蟲

啃蝕蔬菜的幼苗，令人恨到牙癢癢的切根蟲。可以用寧樹的殘渣來降低損害。

熬出來的寧樹萃取液，可以用水稀釋來噴到蔬菜上面。用下述的配方來製作原汁，可以噴灑140～320公升。

材料

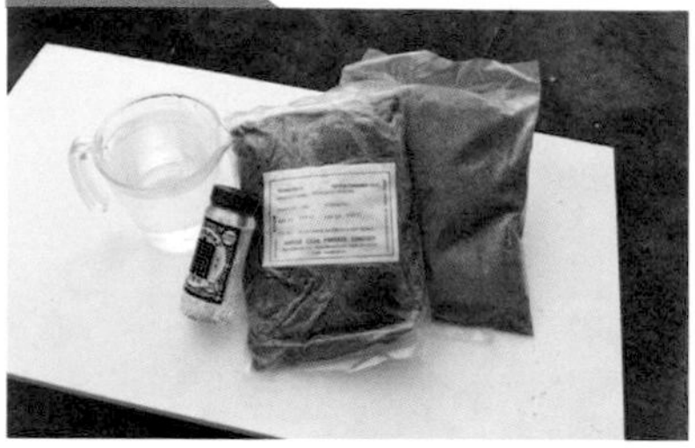

乾燥的寧樹（葉子）	100g
乾燥的寧樹（種子）	100g
水	900cc
燒酎（25度）	100cc

※可以製作700～800cc的原液

乾燥寧樹會以1kg為單位來販賣。份量較多，可以到市民農場跟認識的人一起合買。

準備的工具

鍋子、瓦斯爐、攪拌碗、漏斗、紗布、寶特瓶

用來熬煮的工具會有寧樹的氣味附著，建議使用老舊的鍋子。最好是在室外進行。

販賣乾燥寧樹的商店

Nature Works（日本國內）
☎044-945-1303、090-4395-3815（井上）
寧樹葉（粉碎）2,625日圓／1kg
寧樹種子（粉碎）2,625日圓／1kg
兩者運費另計

寧樹溶液的製作方法

1 將材料加熱

用水跟燒酎來熬煮。也可以只用水，但是加上燒酎，會比較容易將成分萃取出來。使用廉價的甲類（連續式蒸餾）燒酎即可。把乾燥的寧樹葉跟寧樹種子放入，用大火熬煮。

不可以煮沸

煮沸會讓效果減半。快要沸騰的時候要立刻將火關掉。

2 放置一個晚上用紗布過濾

以自然的方式散熱，放置一個晚上之後，用紗布或手帕將寧樹的汁液過濾。重點是用力的將汁液擠出來。可以得到700～800 cc的寧樹萃取液（實際使用的時候要用水稀釋200～300倍）。

3 用紗布過濾之後保存

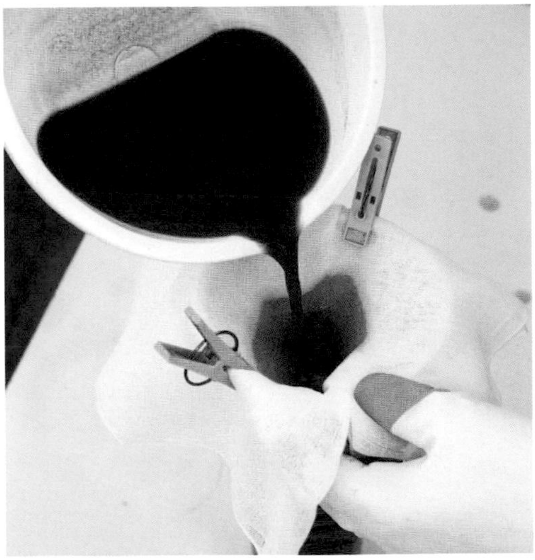

用漏斗將寧樹萃取液倒到寶特瓶內來進行保存。倒的時候可以用紗布再過濾一次，將寧樹的殘渣排除，以免噴霧器阻塞。

4 用水稀釋來噴到蔬菜上

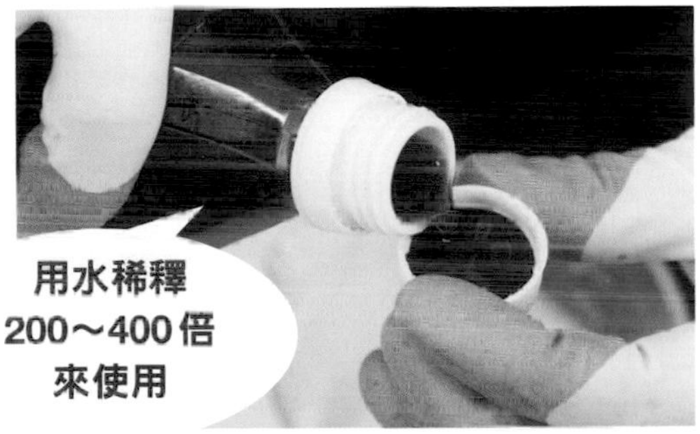

用500 cc的水加上瓶蓋3分之1左右的原汁，就可以稀釋成大約200倍，每週噴灑葉面一次。

殘渣也能拿來利用。零星的撒在幼苗基部，可以成為應付害蟲的對策。

醋＋燒酎

培育出不怕疾病的蔬菜

POINT

- 把醋、燒酎、砂糖混合在一起就能完成
- 稀釋100倍來噴到蔬菜上面
- 原汁可以用來捕捉甘藍夜蛾

用醋跟燒酎讓蔬菜成長茁壯

醋＋燒酎，就跟這個名稱一樣，它是醋跟燒酎的混合液。用來讓蔬菜重新取回活力。

我在最近幾乎沒有機會用到醋＋燒酎，但許多擁有家庭菜園的人，似乎都很受到它的照顧。

原料除了醋跟燒酎之外，還可以加上木醋液或糖漿，有各種不同的配方存在。在此介紹基本的製作方式。

準備的材料有食用醋跟燒酎，以及含有豐富礦物質的黑砂糖。這些都可以在超市買到。

製作方法，是將材料混合來攪拌均勻，如此而已。馬上可以拿到耕地內，用水稀釋來噴到蔬菜上面。葉子的表面跟背面都要噴上。

把幼苗種下去之後、修剪枝葉或將主枝幹剪枝之後、大風等外來因素讓枝葉受損時等等，每當蔬菜承受某種負擔時，醋＋燒酎就能派上用場。另外，剛把苗種下去的時候，以每週1～2次的頻率定期噴灑，可以培育出不輸給疾病跟害蟲的強壯蔬菜。

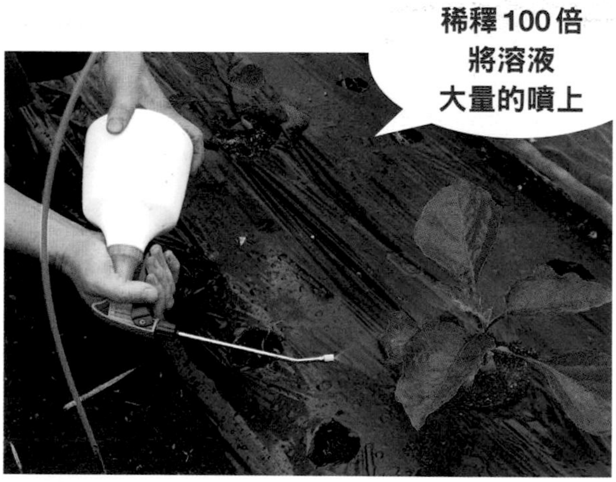

調配好的醋＋燒酎溶液，要用水稀釋100倍來噴灑。剛種好的幼苗，可以在葉子的正面與背面大量的噴上，讓蔬菜成長茁壯。

材料

食用醋	80cc
燒酎（25度）	400cc
黑砂糖	60g

醋＋燒酎的材料份量，並沒有嚴格的規定存在。基本上只是將醋跟燒酎混合。有些會把大蒜或辣椒浸泡進去，來得到驅逐害蟲的效果。

準備的工具

空的寶特瓶（500cc）
攪拌碗、漏斗、攪拌器

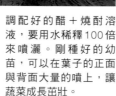

醋＋燒酎的製作方法

1 將材料混合均匀

食用醋不論是米醋還是蘋果醋都可以。燒酎為25度，便宜的甲類燒酎即可。砂糖建議選擇含有豐富礦物質的黑砂糖（粉末狀會比較好溶化），但價位低廉的白砂糖也可以。量好材料的份量，混合之後攪拌均勻。

2 裝到容器內搖一搖

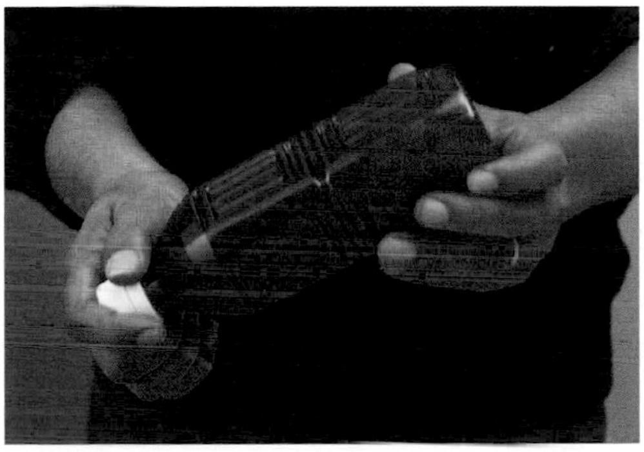

把①倒到寶特瓶內，將蓋子轉緊，搖一搖讓黑砂糖充分的溶化。就可以完成醋＋燒酎的原汁。份量剛好是一支500 cc的寶特瓶。用水稀釋之後再來噴灑到蔬菜上面。

3 用水稀釋100倍直接噴到蔬菜上面

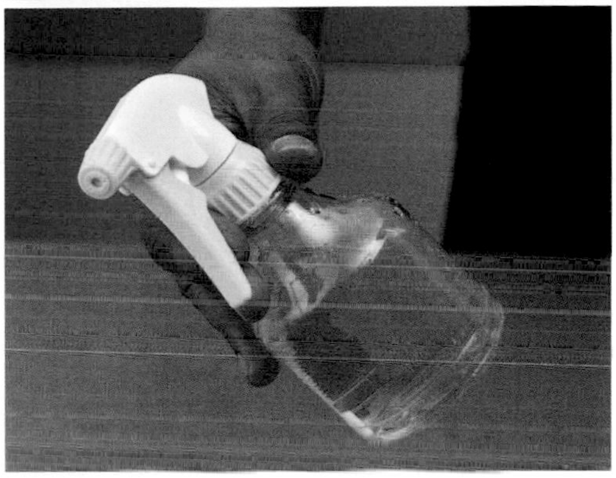

把醋＋燒酎稀釋大約100倍，噴在蔬菜的葉子上面。把大約5 cc的醋＋燒酎原汁，跟500 cc的水混合就能完成。5 cc相當於瓶蓋約8分滿的份量。

1支寶特瓶可稀釋成約50公升的醋＋燒酎

只要製作500 cc的原汁，就能稀釋成50公升的醋＋燒酎。在幼苗剛種下去的時候，噴灑在葉子表面。之後在培育期間，也用每週1～2次的頻率噴上，可以讓蔬菜成長茁壯。

裝到寶特瓶內放到陰涼的地方保存

稍微
轉鬆一點

要是將瓶蓋轉緊，存放時所產生的發酵氣體，會讓寶特瓶過度膨脹。將瓶蓋轉鬆一點，讓氣體可以有宣洩的管道。

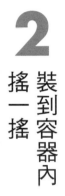

來嘗試看看！

利用醋＋燒酎的原汁
捕殺甘藍夜蛾的成蟲（盜夜蛾）！

用來捕捉甘藍夜蛾的陷阱

在上一頁，我們介紹了醋＋燒酎。它原本的用法，是用水稀釋來噴在蔬菜上面，但也可以利用醋＋燒酎的原汁來製作陷阱，引誘甘藍夜蛾讓它們自己溺斃。

甘藍夜蛾的幼蟲，是蔬菜最主要的敵人之一。要是能在成蟲飛來的時候將它們殺死，幼蟲所造成的損害也會跟著減少。

這是某位對家庭菜園跟有機、無農藥蔬菜非常熱心的人士所嘗試的方法。效法之後，發現甘藍夜蛾很容易就掉落陷阱之中。在此介紹這種陷阱的製作方式，請大家在自己的菜園之中嘗試看看。

首先用寶特瓶來製作誘捕器。讓甘藍夜蛾進入的部分，要像遮陽板一樣往外翻出。這樣可以避免雨水進入寶特瓶內，醋＋燒酎的原汁也不會被沖淡。

在耕地的四個角落插上支柱，用繩子將陷阱綁上去掛著。把醋＋燒酎的原汁倒入陷阱內，幾cm的高度即可，之後就等甘藍夜蛾自己上門，困在裡面溺斃。

甘藍夜蛾飛來田裡的旺季，是在春天與秋天。為了保護春季與秋季蔬菜的幼苗，最好是在播種之前就將陷阱裝上。另外，黃蜂也有可能掉到陷阱內，被螫到相當危險，如果黃蜂還沒死的話請不要接近。

用刀片將寶特瓶的側面切開，像照片這樣往外翻起。甘藍夜蛾會從這個開口進入。在耕地角落的幾處，用150cm左右的高度設置。

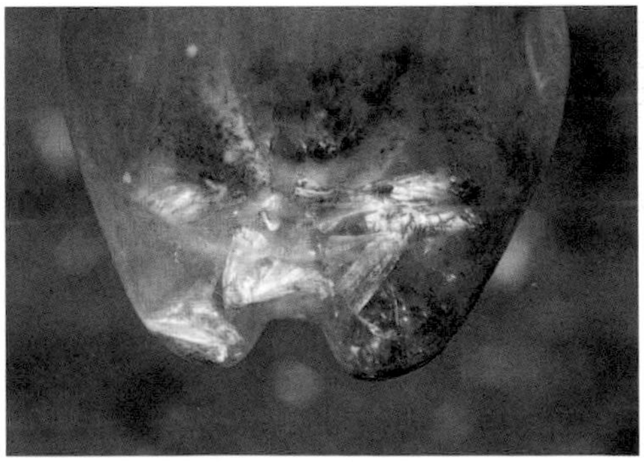

把醋＋燒酎的原汁倒到陷阱內，酸甜的氣味會引來甘藍夜蛾，讓它們在陷阱內溺斃。捕捉到足夠的甘藍夜蛾之後，把內部丟棄，倒入新的原汁。

甘藍夜蛾的幼蟲

幾乎所有的蔬菜都會出現。它們會猛烈的啃咬葉子，讓蔬菜變得破破爛爛。是家庭菜園的頭號敵人。

天然農藥④

稀釋的牛奶

讓衰弱的幼苗起死回生的營養劑

POINT

- 用水將牛奶稀釋10倍
- 灑在蔬菜苗株基部的土壤
- 老化的苗株也能變得很有精神

用水將牛奶稀釋後使用

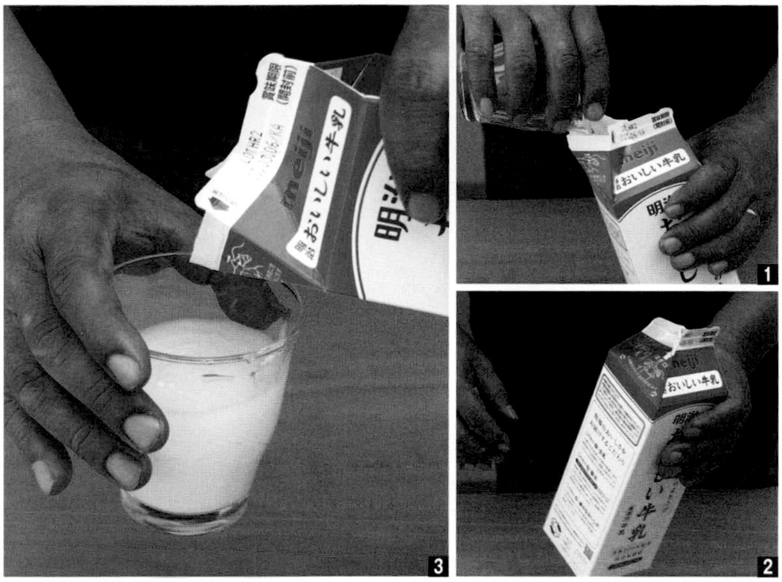

❶用水將牛奶稀釋到10倍左右，倍率沒有嚴格規定，隨便一點無妨。將半杯水倒到喝完的牛奶盒內。❷搖一搖來混合均勻。❸完成稀釋的牛奶溶液。把差不多這樣的份量，倒到苗株的基部來觀察一陣子。

喝剩下的牛奶對衰弱的苗株很有效！

選出良好的幼苗來種植，當然是最為理想作法，但有時卻只有賣不出去的老化苗。不但培育起來相當辛苦，長出來的果實也沒有多少，到頭來落得一場空。這些不知道該怎麼處理的苗株，其實也能透過營養劑重新振作起來（也說不定）。那就是將稀釋的牛奶，灑在苗株基部。

剛好有農場的朋友，因為小黃瓜的幼苗衰弱而困擾著。把這個方法介紹給他，抱著反正也沒其他辦法的心情來嘗試，結果很成功的讓幼苗復甦。

這或許是因為牛奶之中的酪蛋白，在土中被微生物分解，為蔬菜帶來正面的影響。

種下去之後沒有精神，感覺非常衰弱的番茄幼苗。基本上要準備良好的幼苗，萬一遇到這種狀況，不妨嘗試一下稀釋的牛奶溶液，或許可以成為起死回生的營養劑。

TITLE

有機無農藥的豐收秘訣

STAFF

出版　瑞昇文化事業股份有限公司
監修　西村和雄
譯者　高詹燦　黃正由

總編輯　郭湘齡
責任編輯　黃美玉
文字編輯　黃雅琳　黃思婷
美術編輯　謝彥如
排版　執筆者設計工作室
製版　大亞彩色印刷製版股份有限公司
印刷　皇甫彩藝印刷股份有限公司
法律顧問　經兆國際法律事務所　黃沛聲律師

戶名　瑞昇文化事業股份有限公司
劃撥帳號　19598343
地址　新北市中和區景平路464巷2弄1-4號
電話　(02)2945-3191
傳真　(02)2945-3190
網址　www.rising-books.com.tw
Mail　resing@ms34.hinet.net

本版日期　2015年8月
定價　300元

國家圖書館出版品預行編目資料

有機無農藥的豐收秘訣 / 西村和雄監修；高詹燦, 黃正由譯. -- 初版. -- 新北市：瑞昇文化, 2015.01
96面 ； 25.7 x 21公分

ISBN 978-986-5749-94-1(平裝)
1.蔬菜 2.栽培 3.有機農業

435.2　　103023816